家藏文库

随园食单

〔清〕袁枚　著　　李开周　张晨　注评

中州古籍出版社

·郑州·

前　言

一、古代食谱知多少

《随园食单》是一部食谱，一部非常独特的食谱。

中国历史源远流长，中国饮食文化博大精深，可惜的是，古人给我们留下来的食谱却屈指可数。

上世纪八十年代，中国商业出版社从全国各大图书馆搜罗烹饪古籍，精心出版了一套《中国烹饪古籍丛刊》，计有：秦朝百科全书《吕氏春秋》中的《本味篇》，北魏农书《齐民要术》中与饮食有关的部分，唐朝药王孙思邈的食疗专著《千金食治》，北宋初年笔记《清异录》中与饮食有关的部分，南宋初年笔记《能改斋漫录》，南宋食谱《玉食批》，南宋食谱《膳夫录》，南宋食谱《山家清供》，南宋食谱《浦江吴氏中馈录》，南宋食谱《本心斋疏食谱》，元代养生家贾铭的《饮食须知》，元代太医忽思慧的食疗专著《饮膳正要》，元代遗老韩奕的食谱《易牙遗意》（一说此书乃别人伪托韩奕所写），明代画家倪云林的《云林堂饮食制度集》，明代官员高濂的《饮馔服食笺》，清初翰林朱彝尊的《食宪鸿秘》，清末翰林薛宝辰的《素食说略》，清代戏曲家李渔《闲情偶寄》中的《饮馔部》，清代中叶的手抄食谱《调鼎集》，清代医学家王士雄的食疗著作

《随息居饮食谱》，清代官员李化楠、李调元父子共同完成的《醒园录》，清末官太太曾懿撰写的《中馈录》，清末上海美国基督教会编纂的《造洋饭书》，再加上这本《随园食单》，总共才二十多种。而这二十多种食谱几乎已经是我们现代人从浩如烟海的古代文献及近代文献中所能寻找到的全部瑰宝了。

严格来讲，上述二十多种并不完全是食谱。《吕氏春秋·本味篇》仅仅是一篇借饮食谈政治的议论文，《膳夫录》仅仅是从唐朝食谱及唐人笔记中抄录到的只鳞片爪，《能改斋漫录》中提及饮食的不到十分之一，《玉食批》徒有菜肴名称而无具体制法，而《饮食须知》《饮膳正要》《食宪鸿秘》等食疗著作则重在医疗而非重在饮食。

能真正称得上“食谱”的，其实也就《山家清供》《浦江吴氏中馈录》《易牙遗意》《云林堂饮食制度集》《素食说略》《调鼎集》《随息居饮食谱》《醒园录》《中馈录》《造洋饭书》《随园食单》等十余种而已。不是说中国历史源远流长、中国饮食文化博大精深吗？老祖宗为啥不能多留下一些食谱呢？

原因有三。

第一，古人其实编撰过很多食谱，可惜在漫长的历史长河中被遗失了，被销毁了，被战火烧掉了。例如南北朝以前中国就有一部名曰《食次》的饮食专著，现在只能在《齐民要术》中见到残存的二十多条内容。隋朝官员谢讽撰写过一部《淮南玉食经》，那是当时宫廷食谱的集大成之作，可惜早在唐朝就散佚了。《随园食单》序言中写道：“若夫《说郛》所载饮食之书三十余种。”《说郛》是元末明初学者陶宗仪编撰的一部大型丛书，其中确实收录了几十种与饮食稍有关系的唐宋笔记，不过都不是专门的食谱，因为元代以前的专门食谱基本上已经荡然无存。

第二，即使每一部食谱都完整无缺地保存至今，也不可能像二十四史那样汗牛充栋，像历代诗集那样琳琅满目，甚至都不可能比得过兵法小册子。中国古人重视历史、重视文学、重视政治与军事，对于饮食虽然在生活上可能很重视，可是你让一个政治家或者文学家去写一本食谱，他们大多是不屑的。或许因为“吃”这件事太家常了，难登大雅之堂吧。

第三，士大夫们不屑写食谱，厨师们为什么不写呢？一部食谱浓缩了一个或者一群厨师的毕生心血，付之名山，传之后世，既带会了徒弟，又传扬了名气，何乐而不为呢？可问题在于，我国古代的厨师大多不识字，识字的文化人基本又不去做厨师。在漫长而黑暗的专制时代，寄生于社会上层的士大夫对靠双手吃饭的劳动者充满歧视，就像《随园食单》的作者袁枚所说：“厨者，皆小人下村。”他认为厨师都是蠢笨低贱的小人。袁枚的家厨王小余在烹饪上有独到之秘，为袁枚服务终身，生前被袁枚斥责如奴仆，死后在《随园食单》中连名字都没有出现过一次，也正是因为他不识字，不是文化人。这样的体力劳动者无论多么聪敏，都不可能写出一本像样的食谱。

二、《随园食单》很独特

厨师有手艺，可惜没文化；文人有文化，可惜没手艺。前面提到的清代食谱《调鼎集》（又名《筵款丰馐依样调鼎新录》），就是由一个或者一群不知名的川菜厨师留下来的手抄本，所收菜品在千种以上，可谓皇皇巨著。但是错别字连篇，作者将“烩”写成“会”，将“汆”写成“川”，将“镶嵌”写成“厢歉”，将“腰子”写成“幺子”……而且每样菜肴的做法描述都是简而又简，充斥着当时厨行的术语与黑话，普通读者是很难看得懂的。

厨师写不来食谱，或者写出的食谱文笔太差，而文人所写的食谱文笔虽佳，但往往又缺乏可操作性。比如宋代文人陈达叟在《本心斋疏食谱》中是这样写豆腐的：“礼不云乎？啜菽饮水，素以绚兮，浏其清矣。”《礼记》不是说过吗？吃豆腐，喝清水，白白净净，清清爽爽。你看，他引经据典，文辞典雅，可惜没有介绍关于豆腐的任何做法，等于什么都没说。

除了缺乏可操作性，文人食谱还缺乏原创性，常常是宋朝的张三抄袭唐朝的李四，元朝的王二又抄袭宋朝的张三。比如说元代的《易牙遗意》大半抄自宋朝的《浦江吴氏中馈录》，明朝的《养小录》大半抄自元代生活手册《居家必用事类全集》，清代的《食宪鸿秘》则从明代的《饮馔服食笺》和《云林堂饮食制度集》中搜集“素材”。这就给研究古代饮食的现代学者造成了麻烦：你从清代食谱中看到了一道菜的做法，有时候并不表明清朝人还在吃这道菜，因为这道菜很可能是作者从宋朝食谱中抄下来的，而它在清朝早就失传了。

将祖宗留下来的诸多食谱略作研究，我们会发现兼具可操作性和原创性的恐怕只有这几部而已，那就是宋朝的《浦江吴氏中馈录》、清朝的《中馈录》，以及这本《随园食单》。

《浦江吴氏中馈录》是南宋一位女子写的，《中馈录》是清朝一位女子写的，两本书里面全是干货，可惜又未免太“干”了一些：通篇全是各种小菜、各种主食、各种糕点的做法，丝毫没有作者自己的饮食观念，读起来没有美感。于是《随园食单》的独特性就体现出来了，它既有美食的制作方法，又有作者的主观表达，而且文笔还特别优美，它是一部兼具原创性、操作性、可读性以及艺术性的食谱。

食谱不是小说，篇章结构通常呆板松散，语言体式通常单调枯燥。《随园食单》则不然，它布局严谨，章法灵活，文笔生动，个性鲜明。

先务虚后务实，先理论后技艺，这是《随园食单》在结构上的独特之处。本书开头以《须知单》和《戒单》为总纲，分别论述了原料的采购、作料的配搭、火候的掌握、餐具的选择、上菜的顺序、烹饪的规则、厨师的态度、食客的品位、宴席的礼节等等事项。简单说，《须知单》告诉人们应该做什么，《戒单》告诉人们不应该做什么。这两章提纲挈领，充分体现了作者与众不同的饮食理念。

总纲以下，本书又开列十二章，分别是《海鲜单》《江鲜单》《特牲单》《杂牲单》《羽族单》《水族有鳞单》《水族无鳞单》《杂素菜单》《小菜单》《点心单》《饭粥单》《茶酒单》。每一章中又囊括几条至几十条食谱，活灵活现地展现了清代江浙地区三百余种美食的做法和味道。

《随园食单》是古文，不过这本古文却非常浅白，行文通俗易懂，口语化程度很高。书中使用了许多方言词，大多是吴语，也有一些江淮官话。例如“飞面”（精粉）、“干面”（面粉）、“脚面”（杂面）、“秋油”（酱油）、“郁过”（腌过）……许多词语现在仍然被人们使用，如果是江浙读者阅读这本书，应该会觉得非常亲切。

三、袁枚的生平

介绍完了《随园食单》这本书，我们再聊聊它的作者袁枚这个人。

袁枚生于公元1716年，比著名书画家郑板桥小二十三岁，比《儒林外史》的作者吴敬梓小十五岁，比《红楼梦》的作者曹雪芹小一岁，比四库全书的主编纪晓岚大八岁，比《官场斗》里的主角刘墉大三岁，比著名学者赵翼大十一岁。他出生那年，《康熙字典》刚刚编撰完成，朝局稳定，天下太平，市井繁华，文化振兴。

他生在杭州的一个书香世家。他的高祖中过进士，曾祖中过举人，祖父中过秀才，父亲和叔父也都是文化人，靠给高官做师爷为生。

他是独子，上面有两个姐姐，下面有两个妹妹。他的母亲识文断字，一心想把他培养成才，所以早早地给他开了蒙，并努力为他创造一个优良的读书环境。他没有辜负母亲的期望，十二岁那年就考中了秀才，少年得意，一时轰动。

可惜的是，此后他的人生就没有那么顺风顺水了：十三岁考举人，落第；十七岁再考，又落第；二十岁又去应考，还是落第。他父亲灰了心，认为他在科举道路上不会再有前途了，于是让他去广西投奔正在巡抚衙门做师爷的叔叔，学习如何做一个师爷。那一年，他二十一岁。到了广西，他通过叔叔认识了巡抚金铁。金铁发现他文学极好，能写一手非常出色的文章，所以对他大加赞赏，并向朝廷举荐，让他参加博学鸿词科考试。这是清代皇帝为了笼络文士而特意举办的一种选拔考试，考生只要能通过这种选拔，即使不是举人和进士，一样也能做官。但袁枚还是没能通过，他再一次落第了。博学鸿词科考试落榜，袁枚只有再走科举之路，回江南老家参加乡试。结果呢？还是败北。

《清代学者像传》里的袁枚画像

二十三岁那年，袁枚不知打通了谁的关节，以北方考生的身份去北京参加乡试，这回终于高高得中，成了一名举人。第二年，再接再厉，他先后参加了会试和殿试，终于拿到了进士的身份。

考中进士之后，他被分配到翰林院做庶吉士，相当于翰林院里的高级实习生。实习生是有学习任务的，他的任务就是学满文。假如学得好，他将前途无量，由庶吉士成为正式的翰林，进而做皇帝近臣，由低级京官升高级京官，由高级京官升某部侍郎、尚书，然后被派到地方做巡抚、总督，成一方诸侯。与他同年考中进士并同时分到翰林院实习的同学当中，好多人都飞黄腾达了，如庄有恭后来成了巡抚，徐垣后来成了布政使，金志章后来成了知府……但是袁枚没有好好把握这一机会，他在京城寻花问柳，纸醉金迷，满文学得一塌糊涂，三年后被一脚踢出翰林院，分到江苏溧水当了一个小小县令。

据袁枚自己说，他做县令做得很好，爱民如子，两袖清风，还特别擅长断案。但实情恐怕不是这样的，因为有人向朝廷弹劾他，说他贪污。如果不是两江总督尹继善极其欣赏他的文学才能，多次对他加以保护，他已经被撤职了。

袁枚是二十七岁开始做县令的，一直做到三十三岁都没能升职。清代县令薪俸极低，一年只有四十五两银子再加四十五石大米，折合白银约九十两。雍正以后朝廷设立养廉银制度，县令在正常薪水之外每年另有几百两银子的津贴。但是按照当时惯例，县令必须自己掏钱雇请几个到十几个师爷，那点儿养廉银连给师爷发薪水都未必够，真正清廉的县令在离任时甚至需要借钱才能凑足路费。而袁枚呢？刚刚做了一年县令，就去苏州买了一个小妾。做了五年县令之后，他又去苏州买了一个小妾，同时还花三百两银子在南京买下一座花园别墅，也就是大名鼎鼎的“随园”。如果仅靠薪水与养廉银，他是不可能拥有如此经济实力的。事实上，在此期间他还因为没有完成漕粮征收任务而被朝廷罚俸一年。

清代官员几乎都有灰色收入，袁枚绝非个案，就连那位一心要做圣人的曾国藩曾大帅，当年在做乡试主考的时候，也曾经笑纳一千一百二十五两银子的“馈赠”。当官不收贿赂，根本无法维持生活，正如袁枚在《随园诗话》中对一位京官所做的评价：“春台一穷翰林，即任试差，不过得一二千金，遽买南妾一人，日日食鲜鱼活虾、瓦鸭火腿、绍兴酒、龙井茶，何以养之？”当一回主考收一千多两银子，袁枚仍然认为太少，一定还有别的外快，否则靠什么买小老婆呢？靠什么过体面日子呢？

我们继续叙述袁枚的生平。三十三岁那年，袁枚大约觉得宦囊已足，在买下南京随园并重新装修之后，他辞了官，去杭州老家接母亲与姐妹，一起在南京定居了。第二年春天，他又去苏州买了一个小妾。第三年秋天，他还在安徽滁州买了几百亩地，租给佃户耕种。第四年夏天，他得知外甥无房居住，又在秦淮河边买了一所大房子，送给了外甥。

在南京隐居四年，买房买地买小妾，开销如此之大，顿感经济拮据。三十七岁那年，他去北京打点关系，然后去陕西又当了一年县令，弄到了一些钱，随即再次辞官，从此永久隐居不仕。

三十八岁那年，他花一千多两银子再次装修随园，将其打造得极其奢华，以至于两江总督尹继善要将随园作为乾隆皇帝南巡时的行宫，被他婉拒了。

四十二岁那年，他再次娶妾。此后在四十四岁、四十七岁、六十二岁之时，他继续娶妾。甚至到了六十七岁那年，他还想去苏州寻访美妾，结果被亲家沈荣昌劝住了。

四、袁枚的个性

袁枚是个好色的人，一生至少娶了六个小老婆。他也是个非常看重亲情的人，除了送房子给外甥，还以一己之力供养了一个侄子、两个侄女、三个寡居的姐妹，妹妹和侄女出嫁时的嫁妆也都由他一手操办。他又非常看重友情，朋友程晋芳生前欠了他五千两银子，始终还不起，程晋芳死后，他前去吊祭，将欠条在灵前一火焚之，后来又将程晋芳的遗孤抚养成人。

很多人喜欢袁枚，清人孙星衍给他立传时写道："枚长身鹤立，广颡丰下，齿如编贝，声若洪钟。"高个子，宽额头，牙齿洁白，嗓音浑厚，简言之，是个大帅哥。

也有很多人讨厌袁枚，例如刘墉任江宁知府时就说袁枚好色贪淫，人品下流，做事无底线，有伤风化，要下令把袁枚赶走，不许在南京居住。

广东学政李调元（前述食谱《醒园录》的作者）给袁枚写过信：“调之倾慕先生者，已十余年于今矣。”说明对袁枚非常倾慕。而袁枚的半个老乡、绍兴史学家章学诚则说：“此人（指袁枚）素有江湖俗气，故踪迹最近而声闻从不相及……此人无品而才亦不高，童君视此人若粪土然，虽使匍匐纳交于童君，童君亦必婉转避之。”这里的“童君”就是《随园食单》中会泡烧酒的绍兴画家童二树。袁枚在文章里说自己跟童二树交情深厚，而章学诚则认为袁枚在说瞎话，童二树根本不屑于跟他结交。写《儒林外史》的作家吴敬梓也在南京定居多年，绝口不提袁枚一个字，大概也是因为不屑。

袁枚出身于师爷家庭，他聪明，精明，文笔一流，结交高官的水平也臻于一流。他虽然辞官隐居，但是跟总督、巡抚、知府、县令等在职官员却频繁往来，正所谓“翩然一只云中鹤，飞来飞去宰相家”。另外他也结交富商，例如将堂妹袁棠嫁给了六十岁的扬州盐商汪孟翊，还跟一位姓程的盐商联手做生意。他的文集中有许多墓志铭，其中相当一部分是给盐商写的，由此收获大笔酬金。

他手眼通天，他精打细算，他通过做官、为文、收弟子、打抽丰、放高利贷、入股盐商、出租农田等手段聚敛钱财，以此维持他优裕的富贵生活，同时还要接济他庞大的亲朋故友。

他绝对不小气，对家人、亲戚和朋友都很好。他将父亲奉养到七十多岁，将母亲奉养到九十多岁，将一个过继的儿子和一个亲生的儿子照顾得无微不至。他是孝子，是负责任的父亲，是亲切的兄长，是大方的亲戚，是可以为朋友两肋插刀的好哥们儿。但是对于穷苦百姓，他没有同情心，绝对不会在慈善事业上花一分钱。

他在《随园家书》中写道："今年所遇之荒年，所处之恶境，是七十年所未有者。三山街一带乞丐数千，牵衣拦轿，半求半抢，我有戒心，已一月有余不出门了。……此处如亳州，人肉卖十六个钱一斤，有夫食其妻者。仪征人肉卖廿四个钱一斤，有父食其子者。南京城内，乞丐如云，打抢成队，我已两个月不敢出门矣。"那时是乾隆五十一年（1786），江苏大旱，饿殍遍野，父子相食，饥民成群结队涌入城市乞讨，而袁枚高卧家中，安享尊荣，唯恐被乞丐抢了钱财，却不肯建一座粥棚救济灾民。

《随园食单》写于袁枚晚年，从中可以看出他精致的饮食生活、潇洒的人生理念、高雅的审美趣味、深厚的官场背景，也可以看出他对升斗小民的鄙视、对体力劳动者的蔑视。

《随园食单》有好多个版本，远有乾隆刻本、嘉庆刻本、清末夏传曾所作的《随园食单补证》，近有浙江人民美术出版社的艺文丛刊本、中国古籍出版社的烹饪古籍本。我们受中州古籍出版社之邀，以嘉庆刻本为底本，并参考其他版本，将《随园食单》重新校点，给出注释和点评，希望能为广大读者带来阅读上的便利，使大家在学习如何烧菜的同时，也能体味到袁枚那复杂多变的人生。

目 录

自 序

诗人美周公[1]而曰“笾豆有践”[2]，恶凡伯[3]而曰“彼疏斯粺”[4]，古之于饮食也，若是重乎！他若《易》称“鼎烹”[5]，《书》称“盐梅”[6]，《乡党》[7]《内则》[8]琐琐言之[9]，孟子虽贱饮食之人[10]，而又言饥渴未能得饮食之正[11]。可见凡事须求一是处，都非易言[12]。《中庸》[13]曰：“人莫不饮食也，鲜能知味也。”《典论》[14]曰：“一世长者知居处，三世长者知服食。”古人进鬐离肺[15]，皆有法焉，未尝苟且。“子与人歌而善，必使反之，而后和之。”[16]圣人于一艺之微，其善取于人也如是。

余雅慕此旨，每食于某氏而饱，必使家厨往彼灶觚[17]，执弟子之礼。四十年来，颇集众美。有学就者，有十分中得六七者，有仅得二三者，亦有竟失传者。余都问其方略，集而存之。虽不甚省记，亦载某家某味，以志景行[18]。自觉好学之心，理宜如是。虽死法不足以限生厨[19]，名手作书，亦多出入，未可专求之于故纸，然能率由旧章[20]，终无大谬，临时治具[21]，亦易指名[22]。

或曰：“人心不同，各如其面，子能必天下之口皆子之口乎[23]?”曰：“执柯以伐柯，其则不远[24]。吾虽不能强天下之口与吾同嗜，而姑且推己及物[25]。则食饮虽微，而吾于忠恕之道[26]则已尽矣，吾何憾哉?”

若夫《说郛》[27]所载饮食之书三十余种，眉公[28]、笠翁[29]亦有陈言，曾亲试之，皆阏于鼻而蜇于口[30]，大半陋儒附会，吾无取焉。

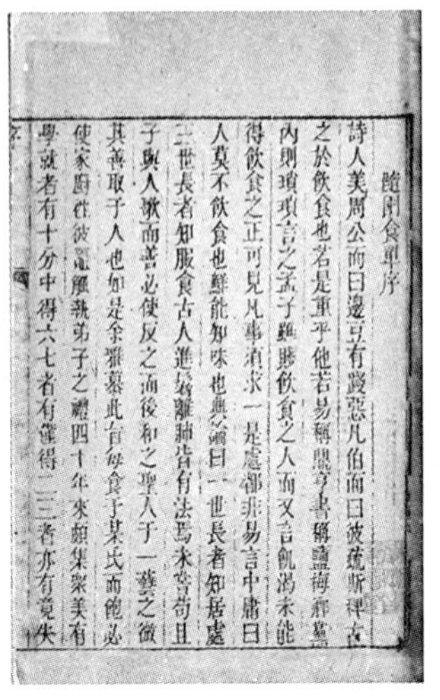

隨園食單序

詩人美周公而曰籩豆有踐惡凡伯而曰彼疏斯粺古
之於飲食也若是重乎他若易稱鼎烹書稱鹽梅鄉黨
内則瑣瑣言之孟子雖賤飲食之人而又言飢渴未能
得飲食之正可見凡事須求一是處都非易言中庸曰
人莫不飲食也鮮能知味也典論曰一世長者知居處
三世長者知服食古人進鬐離肺皆有法焉未嘗苟且
子與人歌而善必使反之而後和之聖人于一藝之微
其善取于人也如是余雅慕此旨每食于某氏而飽必
使家廚往彼灶觚執弟子之禮四十年來頗集眾美有
學就者有十分中得六七者有僅得二三者亦有竟失

乾隆壬子鐫

隨園食單

小倉山房藏版

《随园食单》书影

［注释］

①周公：姬旦，周文王第四子，周武王之弟，西周初期政治家、思想家。

②笾豆有践：所有的餐具都要按照次序摆放整齐，语出《诗经·豳风·伐柯》。笾，祭祀和饮宴时盛放果品的竹器，底有圈足，上有圆盖。豆，祭祀和饮宴时盛放食物的木器，样式与笾相近。践，排成行列，排列整齐。

③凡伯：周幽王在位时的贤臣，曾作诗讽谏幽王之暴政。

④彼疏斯粺：自己吃细粮而让别人吃粗粮。语出《诗经·大雅·召旻》。

⑤《易》称“鼎烹”：《易经》里提到用铜鼎来烹煮食物。周易六十四卦中第五十卦为鼎卦，释卦者认为该卦有“鼎烹熟物之象”。

⑥《书》称“盐梅”：《尚书》里提到用盐梅来给食物调味。《尚书·说命下》：“若作和羹，尔惟盐梅。”如果想调制美味的羹汤，那是必须

要用到盐梅的。盐即食盐，梅即梅子，前者主咸，后者主酸，故将盐梅作为调味料的总称。

⑦《乡党》：《论语》中的一篇，述及孔子饮食住行。

⑧《内则》：《礼记》中的一篇，记载敬老之法与夫妇之道，兼论饮食制度。

⑨琐琐言之：细小而零碎地述说。

⑩“孟子”句：《孟子·告子上》：“饮食之人，则人贱之矣，为其养小以失大也。”只晓得吃吃喝喝的人必然受到大家的鄙视，因为他会为了口腹之欲而丧失原则。

⑪“饥渴”句：《孟子·尽心上》：“饥者甘食，渴者甘饮，是未得饮食之正也。”饥饿的人觉得什么饭都好吃，口渴的人觉得什么水都好喝，此时品尝的其实并非饮食真味。

⑫“凡事”二句：无论什么事情都没有一个永远不变的标准，如果你非要寻找到某个固定标准，那是非常困难的。袁枚这句话是针对上文所举事例有感而发，如孟子认为饮食是小道，但仍用饮食之事来论述大道。

⑬《中庸》：原为《礼记》中论述儒家人性修养的一篇文章，南宋大儒朱熹将其单列出来，与《论语》《孟子》《大学》并称“四书”。

⑭《典论》：中国最早的文艺理论专著，三国时曹丕著。

⑮进鬐（qí）离肺：《仪礼·士丧礼》：“载鱼左首，进鬐。”祭祀时将鱼横放在俎板上，鱼头向左，鱼脊向内。《仪礼·士冠礼》：“离肺，实于鼎。”将牲畜的肺部割下来，放入鼎内。

⑯“子与人”三句：语出《论语·述而》，意即孔子听到别人唱歌好听，一定让人家再唱一遍，自己跟着唱。

⑰灶觚（gū）：《庄子·逸篇》：“仲尼读《春秋》，老聃（dān）踞灶觚而听。”灶觚即烟囱，这里代指厨房。

⑱景行（háng）：语出《史记·孔子世家》："《诗》有之：'高山仰止，景行行止。'虽不能至，然心向往之。"本是司马迁赞美孔子的话语。景行，高尚的德行，这里用来表达袁枚对烹饪高手的仰慕。

⑲死法不足以限生厨：食谱是死的，厨师是活的，死菜谱限制不住活厨师。

⑳率由旧章：根据古书上写的去做。

㉑治具：备办酒食。

㉒指名：指出名堂和来历。

㉓"子能"句：你能确保天下人的口味都跟你一样吗？

㉔"执柯"二句：语出《诗经·豳风·伐柯》："伐柯，伐柯，其则不远。"照着手里拿的斧柄，砍削一个新的斧柄，即照着样子模仿，不会相差很远。柯，斧柄。

㉕推己及物：根据自己的喜好去推测别人的心意。

㉖忠恕之道：《论语·里仁》："夫子之道，忠恕而已矣。"忠恕是孔子学说中一以贯之的基本思想。忠是积极的，指尽心尽力去做好事；恕是消极的，不将自己不喜欢的东西强加给别人。

㉗《说郛》：元末明初学者陶宗仪编撰的一部笔记体丛书，其中收录唐宋食谱若干，如《蔬食谱》《菌谱》《笋谱》等。

㉘眉公：指明代文学家、书法家、画家陈继儒。陈继儒字仲醇，号眉公，世传其善于品鉴美食。

㉙笠翁：即清初文学家、戏曲理论家、造园艺术家李渔。李渔字谪凡，号笠翁，其著作《闲情偶寄》分为八部，其一为《饮馔部》。

㉚阏（è）于鼻而蜇于口：难闻的气味堵塞了鼻子，嘴里又麻又涩，好像被蜜蜂蜇了一样。比喻一些美食家记载的烹调方法徒具观赏意义，而无实践价值，按照那些方法做出的食物难以下咽。阏，堵塞；蜇，刺痛。

[点评]

袁枚学问渊博，对《诗经》《易经》《尚书》《论语》等古文经典烂熟于胸，故而能将其中关乎饮食的经典辞句信手拈来，使那些只知尊崇孔孟而不屑烹饪之道的“冬烘先生”幡然醒悟：原来烹饪并非小道，忠恕之道就在其中。

唐宋以来，历代颇有食谱传世，袁枚一一尝试，发现大半不合口味，因为它们得自耳闻而非目睹，得自凭空想象而非实践检验。袁枚底气十足地说：“我的《随园食单》与众不同，它是我四十年吃喝经验的总结，是我向诸多名厨虚心求教的记录。谁不服？拿去试试吧。”

古孝子之事其親也往往托筆札以見志焉汝有
葛司之懷白華有思李之邑唐人孟郊有寸草春
暉之詩吾門人張銅齋居士兼三孝子之心而獨取東
野之句顏其園曰寸草暉堂上爲太宜人嘗節之貞
也三十餘年苦節既尊至膺時時有詔銅齋樵然曰吾聞
安親之身莫如深居廣厦之養堂是也悦親之目莫如
疾信之小園是也老人血氣既衰居益多倦之餘不況
睹覽於水竹間徐徐而行休休而坐亦足以消其倦厭而舒其
筋骸小子啻啻雖寡言喜其我趣然哉乃就其屋外
之地耕得數百弓為之疏拮経營以闢其基為之壘石
現泉以引其路為之長廊曲室以宜其暑寒為之增
蓬臺廣橋宵以攬其生趣瞻眺于銅坑界湘以有
亭有池有松有桐直者曲之斜者通之又從而點綴之
閣曰清澄堂曰欣綠皆就其高下為之布置春之餘秋
之初冬日之暖夏日之涼幼子童孫承太宜人宴嬉而
出時奉一卷時進一觴兒婦有紀姑容冠詩寸請
妙可以進百年之歡娛長生之由樂於休哉想見于
艸園中儼然王母之居少康未必知全家之尚在人
間也余園之有感焉余年未四十辭官奉親不為不
早先慈年至九十有四不為不壽隨園臺榭不為
不多然而山勢嶔崎離觀舍百餘步先慈衰矣又喜
閒靜不能時時遊息其間今寸草雖存而承歡不
再以視銅齋之能以名園娛養其親也能無且羨
且妒而忍愧乎顧哉善者子聞居有儲生無若吾
子命汝之門人曰汝之偽人不如與之過汝然甚偽求
聞之悦也銅齋為記余不禁有著書說聞之悲故附
志于後以勗銅齋之及時行孝云
乾隆甲寅中元後十日隨園袁枚書時年七十九

袁枚手迹

须知单

学问之道，先知而后行，饮食亦然，作《须知单》。

【点评】

本章从采购、选料、配菜、火候、调味、上菜等环节入手，阐述了最基础的烹饪之道。

先天须知

凡物各有先天[①]，如人各有资禀[②]。人性下愚，虽孔、孟教之，无益也；物性不良，虽易牙[③]烹之，亦无味也。指其大略：猪宜皮薄，不可腥臊；鸡宜骟嫩[④]，不可老稚[⑤]。鲫鱼以扁身白肚为佳，乌背者，必崛强[⑥]于盘中；鳗鱼以湖溪游泳为贵，江生者，必槎枒[⑦]其骨节。谷喂之鸭，其膘肥而白色。壅土之笋，其节少而甘鲜。同一火腿也，而好丑判若天渊。同一台鲞[⑧]也，而美恶分为冰炭。其他杂物，可以类推。大抵一席佳肴，司厨之功居其六，买办之功居其四。

【注释】

①先天：天生的属性。

②资禀：天资、禀赋。

③易牙：春秋时代最著名的厨师。

④骟（shàn）嫩：指阉鸡和童子鸡。公鸡去除生殖器再饲养，肉质会变得鲜嫩。骟，指动物被阉割。

⑤老稚：老幼。这里指过于衰老和过于幼小。

⑥崛强：僵硬。

⑦槎（chá）枒（yá）：形容错落不齐的样子。这里指江生鳗鱼的鱼刺太多。

⑧台鲞（xiǎng）：浙江台州出产的咸鱼干。

【点评】

“司厨之功居其六，买办之功居其四。”一道菜是否好吃，厨师的手艺占六成，采购员的眼力占四成。买来的食材达不到要求，自然会影响到菜肴的品质。过去总说“巧妇难为无米之炊”，现在看起来，其实巧妇难为坏米之炊。没米当然做不成米饭，如果有米，但米是坏的，再巧手的媳妇也做不出好米饭。

作料须知

厨者之作料，如妇人之衣服首饰也。虽有天姿，虽善涂抹，而敝衣蓝缕[①]，西子亦难以为容。善烹调者，酱用伏酱[②]，先尝甘否；油用香油，须审生熟；酒用酒酿[③]，应去糟粕；醋用米醋，须求清洌。且酱有清浓之分，油有荤素之别，酒有酸甜之异，醋有陈新之殊，不可丝毫错误。其他葱、椒[④]、姜、桂、糖、盐，虽用之不多，而俱宜选择上品。苏州店卖秋油[⑤]，有上、中、下三等。镇江醋颜色虽佳，味不甚酸，失醋之本旨矣。以板浦醋[⑥]为第一，浦口醋[⑦]次之。

【注释】

①敝衣蓝缕：破衣烂衫。“蓝缕”同“褴褛”。

②伏酱：三伏天做的酱。

③酒酿：简单发酵的米酒，味甜，微酸，酒精度很低。

④椒：花椒。按：胡椒在汉朝传入，辣椒在明朝传入，麻椒为中国土产，但这些以椒为名的作料在清代江南地区都不常用，本书中所写之椒若非特别说明，均指花椒。

⑤秋油：伏天酿造、深秋酿成的酱油，鲜浓异常，又称“母油”。

⑥板浦醋：板浦镇出产的醋。板浦今属江苏连云港海州区。

⑦浦口醋：浦口镇出产的醋。浦口地处南京市西北部，位于长江北岸。

【点评】

假如说一道菜的主料好比人的长相，那么作料就好比各种护肤及化妆用品。护肤及化妆用品必不可少，但也不能乱用，什么样的皮肤选择什么款式的面膜，什么样的场合搭配什么色号的唇膏，那都是很有讲究的。袁枚未必懂得护肤和化妆，但他讲起油盐酱醋的产地、等级和区别，就像一个注重生活品质的女白领谈论美白用品时一样头头是道。

洗刷须知

洗刷之法：燕窝[①]去毛，海参去泥，鱼翅[②]去沙，鹿筋去臊[③]。肉有筋瓣，剔之则酥。鸭有肾臊[④]，削之则净。鱼胆破，而全盘皆苦。鳗涎[⑤]存，而满碗多腥。韭删叶而白存[⑥]，菜弃边而心出。《内则》曰：“鱼去乙，鳖去丑[⑦]。”此之谓也。谚云：“若要鱼好吃，洗得白筋出[⑧]。”亦此之谓也。

【注释】

①燕窝：金丝燕在海边岩石上筑的巢，由金丝燕的唾液凝结而成，从明朝起开始在中国成为珍贵食材。

②鱼翅：鲨鱼鳍中的丝状软骨，从宋朝起开始被中国人食用。

③鹿筋去臊：爆炒鹿筋之前，须用滚水焯熟，再用酒和姜汁浸泡，去除其腥臊味。

④鸭有肾臊：公鸭的睾丸有腥臊味。

⑤鳗涎：鳗鱼身上的黏液。

⑥韭删叶而白存：择韭菜时剥掉老叶，保留白嫩的韭菜芯。

⑦鱼去乙，鳖去丑：做鱼时要抠去鱼鳃里的硬骨，做甲鱼时要剪去甲鱼的肛门。语出《礼记·内则》，据郑玄注："乙，鱼体中害人者名也，今东海鳙鱼有骨名乙，在目旁，状如篆乙，食之鲠人，不可出。丑谓鳖窍也。"又据《尔雅·释鱼》："鱼肠谓之乙，鱼尾谓之丙。"

⑧"若要"二句：鲤鱼脊背两侧各藏一条细长的白筋，从头颈处下刀切开，用刀背拍松，再用镊子夹住白筋，可以轻轻抽出。白筋不出，鲤鱼会有腥味。

【点评】

食材入锅之前，必须整治干净。本条简要介绍了燕窝、海参、鱼翅、鳗鱼、鹿筋、韭菜等食材的整治方法。其中韭菜的择法人人都会，我们不用学；燕窝、海参、鱼翅等高档食材不容易见到，学了也没用；只有治鱼之法可供借鉴："若要鱼好吃，洗得白筋出。"如果还有读者朋友不明白去除鱼脊中那两条白筋的意义所在，不妨买条鱼做做试验。

调剂须知

调剂[①]之法，相物而施[②]。有酒水兼用者，有专用酒不用水者，有专用水不用酒者；有盐、酱并用者，有专用清酱不用盐者，有专用盐不用酱者。有物太腻，要用油先炙[③]者；有气太腥，要用醋先喷者；有取鲜必用冰糖[④]者。有以干燥为贵者，使其味入于内，煎炒之物是也；有以汤多为贵者，使其味溢于外，清浮之物[5]是也。

【注释】

①调剂：用油盐酱醋等作料改善和激发食材的味道。

②相物而施：根据食材的不同而搭配相应的作料。

③用油先炙：先用油炸，通过高温使食材适当走油，变得不那么油腻。炙，本是烤的意思，这里指油炸。

④取鲜必用冰糖：有些过于油腻或腥膻的食材，可以用冰糖来去腥提鲜，增加亮度，如猪蹄、羊腰、甲鱼、鳗鱼等。

⑤清浮之物：漂浮在汤面上的食材，如蛋花、香菇、芫（yán）荽（suī）、鸡茸之类。

【点评】

调剂者，调味是也。按照现代烹饪理论，调味可分三种：一为基本调味，即在原料加热前的调味；二为定型调味，即在原料加热中的调味；三为辅助调味，即在原料加热后的调味。“用醋先喷”属于基本调味，“取鲜必用冰糖”是定型调味。

配搭须知

谚曰：“相女配夫[1]。”《记》[2]曰：“儗人必于其伦[3]。”烹调之法，何以异焉？凡一物烹成，必需辅佐。要使清者配清，浓者配浓，柔者配柔，刚者配刚，方有和合之妙。其中可荤可素者，蘑菇、鲜笋、冬瓜是也；可荤不可素者，葱、韭、茴香、新蒜是也；可素不可荤者，芹菜、百合、刀豆是也。常见人置蟹粉于燕窝之中，放百合于鸡、猪之内，毋乃唐尧与苏峻对坐[4]，不太悖乎？亦有交互见功者，炒荤菜用素油，炒素菜用荤油是也。

【注释】

①相女配夫：根据女子的品貌来选配条件相当的丈夫。

②《记》：指《礼记》。

③“儗（nǐ）人”句：如果要类比一个人，必须拿跟他差不多的人来比。语出《礼记·曲礼下》。儗，比拟。

④“唐尧”句：唐尧是传说中的尧帝，为上古时期的部落联盟首领，以贤德著称；苏峻是魏晋时期的将军，以贪暴著称。唐尧与苏峻对坐，比喻食材搭配不合理。

【点评】

金花配银花，西葫芦配黄瓜，食材之间的搭配就像男女之间的择偶，讲究门当户对、情投意合，袁枚此论甚是科学。但他说葱、韭可荤不可素，芹菜可素不可荤，就不免过于狭隘了。韭菜炒河虾、韭菜炒蛤蜊、大葱爆羊肉、芹菜爆里脊，不都是色味俱美的佳肴吗？

独用须知

味太浓重者，只宜独用，不可搭配。如李赞皇[①]、张江陵[②]一流，须专用之，方尽其才。食物中，鳗也、鳖也、蟹也、鲥鱼[③]也，牛羊也，皆宜独食，不可加搭配。何也？此数物者，味甚厚，力量甚大，而流弊亦甚多，用五味调和，全力治之，方能取其长而去其弊。何暇舍其本题，别生枝节哉？金陵人好以海参配甲鱼，鱼翅配蟹粉，我见辄攒眉[④]。觉甲鱼、蟹粉之味，海参、鱼翅分之而不足；海参、鱼翅之弊，甲鱼、蟹粉染之而有余。

【注释】

①李赞皇：唐宪宗时宰相李绛，河北赞皇人，风骨硬挺，勇于犯颜

直谏。

②张江陵：明神宗时宰相张居正，湖北江陵人，著名改革家，曾在神宗幼年时独掌朝政长达十年。

③鲥（shí）鱼：我国珍稀名贵鱼类，产于长江下游，脂肪肥厚，肉味鲜美，与河豚、刀鱼并称“长江三鲜”。

④攒（cuán）眉：皱眉。

【点评】

味道越是醇厚的食材，其腥膻之气往往也就越浓重，正如铁血宰相张居正、大改革家王安石、晚清重臣左宗棠等人，既有超群的见识和卓越的能力，也有着非常执拗的性格。这类人才都是不合群的，还是让他独当一面吧，否则就像鱼翅与蟹粉同炖，海参与甲鱼同锅，搞得每一样食材都失去了应有的美味。

火候须知

熟物之法，最重火候。有须武火者，煎炒是也，火弱则物疲[①]矣。有须文火者，煨煮是也，火猛则物枯矣。有先用武火而后用文火者，收汤[②]之物是也，性急则皮焦而里不熟矣。有愈煮愈嫩者，腰子、鸡蛋之类是也。有略煮即不嫩者，鲜鱼、蚶蛤之类是也。肉起迟则红色变黑，鱼起迟则活肉变死。屡开锅盖，则多沫而少香。火熄再烧，则走油而味失。道人以丹成九转[③]为仙，儒家以无过、不及为中[④]，司厨者，能知火候而谨伺之，则几于道矣。鱼临食时，色白如玉，凝而不散[⑤]者，活肉也；色白如粉，不相胶黏[⑥]者，死肉也。明明鲜鱼，而使之不鲜，可恨已极。

【注释】

①物疲：煎炒时间过长，食材由挺直变软沓，由鲜脆变疲烂。

②收汤：通过煨煮将汤汁收入主料之中，使主料色泽光亮、肥嫩多汁。

③丹成九转：道家方术之士炼丹或者修炼内丹（气功），常将功法分为九个周期，据说期满即可白日飞升。

④无过、不及为中：儒家倡导中庸之道，无论做什么事情，既不要过头（无过），又不要过于保守（不及）。

⑤色白如玉，凝而不散：鱼肉紧致，色泽黄白如玉，用筷子夹起来不会散落。

⑥色白如粉，不相胶黏：鱼肉松散，呈粉白色，没有光泽，一夹就散。

【点评】

火候很重要，用火有讲究，此论甚是。鱼肉宜紧致，不宜松散，此论更确。但腰子与鸡蛋绝非越煮越嫩，只是对火候不那么敏感罢了。常识告诉我们，腰子煮久了照样会变得很柴，鸡蛋煮久了不但变黑，蛋黄表面还会形成硫化亚铁，产生一种很难闻的味道。

色臭须知

目与鼻，口之邻也，亦口之媒介也。嘉肴到目，到鼻，色臭[1]便有不同。或净若秋云，或艳如琥珀，其芬芳之气，亦扑鼻而来，不必齿决之[2]，舌尝之，而后知其妙也。然求色艳不可用糖炒，求香不可用香料，一涉粉饰，便伤至味[3]。

【注释】

①色臭：颜色和气味。

②齿决之：用牙齿咬开。陆游《老健》：“齿牢尚可决干肉，目了未

妨观细书。”

③至味：最美好的滋味，最美味的食品。

【点评】

袁枚不但追求本味，也追求“本色”和“本香”，对于加糖炒色、加料增香的做法，他一向是嗤之以鼻的。后文《特牲单》与《羽族单》中用糖之处不少，但统统都是“稍稍用糖以起其鲜”，并非为了炒色。

迟速须知

凡人请客，相约于三日之前，自有工夫平章①百味。若陡然客至，急须便餐②。作客在外，行船落店，此何能取东海之水，救南池之焚③乎？必须预备一种急就章④之菜，如炒鸡片、炒肉丝、炒虾米、豆腐及糟鱼、茶腿⑤之类，反能因速而见巧⑥者，不可不知。

【注释】

①平章：品评。

②便餐：很快可以上桌的简餐。

③“取东海”二句：家门口失了火，却要取东海之水来浇灭。比喻远水不解近渴。

④急就章：比喻匆忙完成的文章或工作。

⑤茶腿：用茶叶老枝熏制的火腿，表皮乌黑，肉质红亮，有浓浓的茶香。

⑥因速而见巧：因为制作速度快而显示出厨师烹饪水平的高超。巧，技艺高明，灵巧。

【点评】

俗话说“好饭不怕等”，像炖熊掌、吊清汤、鸡包翅、佛跳墙，从准备到上桌，往往要花几天时间，没有耐心是不成的。可是我们居家过日子，不可能天天吃这些大菜，特别是不速之客上门，必须很快整治一桌酒席出来，这时候就需要提前备办好一些不宜变质的成品或者半成品了。

宋人笔记《铁围山丛谈》载有一则轶闻，说权相蔡京擅做冷面，并以热情好客闻名于官场，故此家中客人不断，有时七八位，有时几十位。但不管来了多少客人，他都能保证让大家很快吃到新鲜可口的冷面，而且刚好是不多不少每人一碗。他是怎么做到的呢？很简单，他家里常备一大批揉得光滑的面团，用油布包严，放入水里。等到客人登门，他不慌不忙揪出一块面，在面案上啪啪啪地拽开，簌簌簌地抻细，下锅煮熟，过水拔凉，浇上卤汁，铺上菜码，火速上桌。客人们即可大快朵颐。

变换须知

一物有一物之味，不可混而同之。犹如圣人设教[①]，因才乐育[②]，不拘一律。所谓君子成人之美也。今见俗厨，动以鸡、鸭、猪、鹅，一汤同滚，遂令千手雷同，味同嚼蜡。吾恐鸡、猪、鹅、鸭有灵，必到枉死城中告状矣。善治菜者，须多设锅、灶、盂[③]、钵[④]之类，使一物各献一性，一碗各成一味。嗜者舌本[⑤]应接不暇，自觉心花顿开。

【注释】

①圣人设教：圣人（主要指孔子）办教育。

②因才乐（yào）育：根据不同的教学对象制定不同的教育方法，并从中得到快乐。“乐育”之“乐”本读 yào，今通读为 lè。

③盂：盛水的圆筒状器皿，平底，多为侈口。

④钵：盛饭的圆形器皿，大腹，多为敛口。

⑤舌本：舌根；舌头。

【点评】

《弟子规》有云："同是人，类不齐。流俗众，仁者稀。"这个世界上永远是俗人多于雅人，家常菜多于创意菜，普通厨师多于烹饪大师。我们去卤肉店买鸡腿、买鸭脖、买猪蹄、买肘子，只要是在同一家店购买，那味道准是差不多，鸭有鸡的味道，鸡有猪的味道，因为绝大多数卤店都喜欢用同一锅卤汁来炖不同的肉。按照袁枚的评价，这正是"俗厨"所为，应该鸣鼓而攻之。

但是换一个角度想一想，袁枚是站着说话不腰疼。"一物各献一性，一碗各成一味"，那当然是好，可是这必然要增加时间成本、人力成本和原料成本，进而必然提高售价，最后咱老百姓要么做不起，要么买不起。经济规律是无情的，你首先是吃饱，其次是吃好，然后才有资格考虑吃得是否高雅的问题。

器具须知

古语云："美食不如美器。"斯语是也。然宣、成、嘉、万[①]窑器太贵，颇愁损伤，不如竟用御窑[②]，已觉雅丽。惟是宜碗者碗，宜盘者盘，宜大者大，宜小者小，参错其间，方觉生色。若板板[③]于十碗八盘之说，便嫌笨俗。大抵物贵者器宜大，物贱者器宜小，煎炒宜盘，汤羹宜碗，煎炒宜铁锅，煨煮宜砂罐。

【注释】

①宣、成、嘉、万：明朝的宣德、成化、嘉靖、万历年间，此时白瓷与彩瓷烧造工艺正处于巅峰时期。

②御窑：指清代官窑烧造的瓷器。

清代木质雕漆点心盒　全高19.4厘米　纵长18厘米　横长18厘米　现藏台北“故宫博物院”

③板板：呆板。

【点评】

“明朝古瓷太贵，所以不妨退而求其次，用本朝官窑烧造的瓷器来盛菜摆盘。”袁枚这话绝对不是对老百姓说的，而是说给达官显贵与富商大贾听的。鲁迅短篇小说《风波》中那个农家丫头六斤仅仅因为打破了碗角，就被她爹七斤一巴掌打翻在地，七斤第二天又进城花了四十八文小钱把碗补好。升斗小民穷困到这个地步，哪有条件讲究什么古瓷新瓷、官窑民窑呢？

“贵重食材适合用大容器，低贱食材适合用小容器。”这个观点也跟现代食俗完全相反。众所周知，胡辣汤便宜，总是用大碗来盛；燕窝羹很贵，就只能用小碗上桌——因为它不能当饭吃啊！

上菜须知

上菜之法：盐者[①]宜先，淡者宜后；浓者宜先，薄者宜后；无汤者宜先，有汤者宜后。且天下原有五味[②]，不可以咸之一味概之。度客食饱，则脾困[③]矣，须用辛辣以振动之[④]；虑客酒多，则胃疲[⑤]矣，须用酸甘以提醒[⑥]之。

【注释】

①盐者：偏咸的菜肴。

②五味：古人以酸、甜、苦、辣、咸为五味。但按现代科学分类法，辣并非味道，它只是辣椒素对味蕾的一种灼伤性刺激，应该被划分到痛觉的范畴。

③脾困：因为吃得太多而导致脾脏受损，精神困倦。其实经现代医学验证，饮食过量确实会让人感到疲倦，但这跟脾脏受损无关，而是因为餐后的高浓度血糖对下丘脑神经元有抑制作用。

④“用辛辣”句：用辛辣的食物刺激神经细胞，增加胃液分泌，使昏昏欲睡的客人兴奋起来。

⑤胃疲：饮食过多导致胃胀。

⑥“用酸甘”句：用酸甜的食物来醒胃，并帮助消化。

【点评】

上菜先后原无一定之规，先咸后甜，先浓后淡，先凉后热，先碟后碗，属于常见中餐宴席上约定俗成的习惯。但是日式料理的前菜有甜有咸，法式大餐的前菜可凉可热，而且第二道菜就是汤，与我国宴席的上菜顺序颇有不同。

即便在中国，饮食习俗也在不断变化。如宋人笔记《南窗纪谈》载：

“客至则设茶，欲去则设汤。”当时待客必先茶后汤，即俗称“迎客茶，滚蛋汤”是也。可是到了清代，迎来送往必先汤后茶，端茶送客则成了官场中约定俗成的规矩。

时节须知

夏日长而热，宰杀太早，则肉败矣；冬日短而寒，烹饪稍迟，则物生矣。冬宜食牛羊，移之于夏，非其时也；夏宜食干腊①，移之于冬，非其时也。辅佐之物，夏宜用芥末，冬宜用胡椒。当三伏天而得冬腌菜，贱物也，而竟成至宝矣；当秋凉时而得行鞭笋，亦贱物也，而视若珍馐矣。有先时而见好者，三月食鲥鱼是也；有后时而见好者，四月食芋艿②是也。其他亦可类推。有过时而不可吃者，萝卜过时则心空，山笋过时则味苦，刀鲚③过时则骨硬。所谓四时之序，成功者退，精华已竭，褰裳④去之也。

【注释】

①干腊：腊肉干。

②芋艿（nǎi）：芋头。

③刀鲚（jì）：长江刀鱼，头大尾尖，扁长如镰刀，肉嫩味美，现为珍稀鱼类。

④褰（qiān）裳：将衣裳撩起来。古时贵族衣袍宽大，长可拖地，行路时须撩起下襟。

【点评】

《清稗类钞·饮食类》有云：“京师春蔬之妙，甲于全国，乡人晨以小车辇入城市，种类甚多，价与鱼肉埒。”北方初春天气尚寒，本非蔬菜生长季节，但是京郊农民学会了用温室大棚培养蔬菜，运至市区，可售高价，夏秋之交几文钱一斤的番茄，初春能卖几十文一斤。为啥？正如袁枚所说，“三伏天而得冬腌菜”，“秋凉时而得行鞭笋”，同属反季节食品，自然要物以稀为贵了。不过“萝卜过时则心空”，“山笋过时则味苦”，从营养和健康角度考虑，反季节食品不吃也罢。

多寡须知

用贵物[①]宜多，用贱物[②]宜少。煎炒之物多，则火力不透，肉亦不松[③]，故用肉不得过半斤，用鸡、鱼不得过六两。或问：“食之不足如何?”曰：“俟食毕后，另炒可也。”以多为贵者，白煮肉，非二十斤以外，则淡而无味。粥亦然。非斗米，则汁浆不厚；且须扣水[④]，水多物少，则味亦薄矣。

【注释】

①贵物：贵重的食材，此处指主料。

②贱物：低贱的食材，此处指配料。

③肉亦不松：肉质发柴，不够松软。

④扣水：按照米的多少准确计算应该加入的水量。《儒林外史》第九回：“像我这酒是扣着水下的，还是这般淡薄无味。”

【点评】

炒肉不能一次炒得太多，否则火候不均，肉不弹牙。而煮肉时却必须一次放入很多肉，否则汁液流失，越煮越柴。如此两条，均为至理名言。

洁净须知

切葱之刀不可以切笋，捣椒之臼[①]不可以捣粉[②]。闻菜有抹布气者，由其布之不洁也；闻菜有砧板气者，由其板之不净也。工欲善其事，必先利其器。良厨先多磨刀，多换布，多刮板，多洗手，然后治菜。至于口吸之烟灰[3]、头上之汗汁、灶上之蝇蚁、锅上之烟煤，一玷[4]入菜中，虽绝好烹庖，如西子蒙不洁，人皆掩鼻而过之矣。

【注释】

①捣椒之臼：捣花椒末的石臼。臼为古代舂捣器具，圆柱形，顶端凹陷，将稻谷或药材放入凹陷之中，用木杵反复击打。

②捣粉：捣米粉。

③烟灰：烟袋里的烟草灰。烟草自明朝传入中国，至袁枚撰写《随园食单》时，吸烟之风已经普及大江南北。

④玷（diàn）：本义为白玉上的斑点，这里指细小的脏东西。

【点评】

中华饮食文化博大精深，中式料理如今也在全球遍地开花，但是一提起中餐馆，“不卫生”三个字总能被老外挂在嘴上。这是歧视吗？当然不是，因为不卫生就是事实。放眼国内挂着“中华老字号”招牌的大小饭馆，其间有多少仍然是“苍蝇馆子”？又有多少大厨和配菜师傅仍然做不到红白案分开呢？

饭菜是入口之物，卫生是第一要求，其次才说得上好吃和有营养。可是到了二十一世纪，好多同胞仍然坚守着“不干不净，吃了没病”和“眼不见为净”的老习惯，读完这两百年前古人所写的《洁净须知》，我们应该深思。

用纤须知

俗名豆粉[1]为纤[2]者，即拉船用纤也，须顾名思义。因治肉者要作团而不能合[3]，要作羹而不能腻[4]，故用粉以牵合之；煎炒之时，虑肉贴锅，必至焦老，故用粉以护持之。此纤义也。能解此义用纤，纤必恰当，否则乱用可笑，但觉一片糊涂。《汉制考》[5]：“齐呼曲麸[6]为媒。”媒即纤矣。

【注释】

①豆粉：绿豆粉。

②纤（qiàn）：中国部分地区对淀粉的俗称，今天通常写作“芡”，如绿豆粉呼为“绿豆芡”，玉米粉呼为“玉米芡”，红薯粉呼为“红薯芡”，太白粉呼为“土豆芡”。

③“治肉者”句：想把碎肉做成肉丸，却不能让碎肉黏合成型。

④“要作羹”句：想做羹汤，但是无法达到理想的黏稠度。

⑤《汉制考》：宋朝学者王应麟对汉代名物制度的考证专著。

⑥曲麸：可以帮助面团发酵的酵母团。

【点评】

不含蛋白质的淀粉被称为“芡粉”，简称为“芡”，或写为“芊”。但是看了袁枚对芡粉的解释以后，忽然觉得还是写成“纤”更合理。

选用须知

选用之法：小炒肉用后臀，做肉圆用前夹心[1]，煨肉用硬短勒[2]；炒鱼片用青鱼、季鱼[3]，做鱼松用鲫鱼[4]、鲤鱼；蒸鸡用雏鸡，煨鸡用骟鸡，取鸡汁用老鸡。鸡用雌才嫩，鸭用雄才肥。莼菜用头，芹韭用根。皆一定之理。余可类推。

【注释】

①前夹心：猪的脖子、上肩和前腿之间的部位，此处肉质弹牙，吸水

性强，适宜打馅、做肉丸。

②硬短勒（lèi）：同“硬短肋”，猪肋条上的五花肉，此处肥瘦相间，适合红烧、粉蒸、煨煮、清炖。

③季鱼：即鳜鱼，又名“桂花鱼”“季花鱼”。

④鲩（huàn）鱼：即草鱼。鲩，同“鲩”。

【点评】

煎炒烹炸，汆烧焖扒，烹饪手法不一样，选用的食材也不一样。就同一食材而言，不同的部位又有不同的口感，所搭配的食材以及对火候的要求都不一样。烹饪之道真是蕴含着无穷无尽的学问，“仰之弥高，钻之弥坚”。

疑似须知

味要浓厚，不可油腻；味要清鲜，不可淡薄[①]。此疑似之间，“差之毫厘，失以千里”。浓厚者，取精多而糟粕[②]去之谓也，若徒贪肥腻，不如专食猪油矣。清鲜者，真味出而俗尘无之谓也，若徒贪淡薄，则不如饮水矣。

【注释】

①淡薄：淡而无味。

②糟粕：此处指腥膻肥腻。

【点评】

浓近于腻，但绝不等于腻。清近于淡，但绝不等于淡。有的厨师不明白这个道理，想要浓香，就多放油；想要清素，就多加水。结果呢？浓香变成了油腻，清素沦落为寡淡。

补救须知

名手调羹，咸淡合宜，老嫩如式，原无需补救。不得已为中人[①]说法：则调味者，宁淡毋咸。淡可加盐以救之，咸则不能使之再淡矣。烹鱼者，宁嫩毋老。嫩可加火候以补之，老则不能强之再嫩矣。此中消息[②]，于一切下作料时[③]静观火色，便可参详。

【注释】

①中人：烹饪水平普普通通的人。

②消息：知识。

③一切下作料时：放各种作料的时候。

【点评】

调味宁淡毋咸，烹鱼宁嫩毋老，真乃经验之谈。因为菜淡了还可以再加盐，咸了就只能倒掉了；鱼肉偏生还可以再烧，老了就无法返嫩了。为人处世也是同样道理，宁可不及，也不要把事做过头，否则悔之晚矣。

本分须知

满洲菜多烧煮，汉人菜多羹汤，童而习之[①]，故擅长也。汉请满人，满请汉人，各用所长之菜，转觉入口新鲜，不失邯郸故步[②]。今人忘其本分，而要格外讨好，汉请满人用满菜，满请汉人用汉菜，反致依样葫芦，有名无实，画虎不成反类犬矣。秀才下场，专作自己文字，务极其工，自有遇合[③]。若逢一宗师[④]而摹仿之，逢一主考而摹仿之，则掇皮无真[⑤]，终身不中矣。

【注释】

①童而习之：从小时候就习以为常了。

②邯郸故步：战国时某燕国人听说赵国人走路姿势很美，就专门去赵国学走路，结果非但没有学成赵国人的走路姿势，连自己本来怎么走路都忘记了。语出《庄子·秋水》，意思是模仿别人没有成功，还弄丢了自己原有的技艺。

③遇合：碰到机会。

④宗师：明清科举考试时，人们对主持院试的学政官员的尊称。如《儒林外史》第三回："正值宗师来省录遗，周进就录了个贡监首卷。"

⑤掇皮无真：只拾到皮毛，没拾到真正的才学。

【点评】

民族的才是世界的，本土的才是长远的，用家乡最地道的特色美食而不是最昂贵的法式大餐来招待远方来客，才是对客人的最高敬意。当然，前提是你必须对本土美食有所了解，不然就会像姜文电影《一步之遥》里那位用王婆刀鱼面招待意大利女友的少帅一样，因为不懂得什么叫"锅气"，而被人家当场甩掉。

戒单

为政者兴一利，不如除一弊。能除饮食之弊，则思过半矣。作《戒单》。

【点评】

兴一利不如除一弊，是保守派政治家的治国格言，袁枚早年做县令时就将其奉为施政准则。今移之于庖厨，表明了他对世间“俗厨”常见弊病的反感和鄙弃。

戒外加油

俗厨制菜，动①熬猪油一锅，临上菜时，勺取而分浇之，以为肥腻。甚至燕窝至清之物，亦复受此玷污。而俗人不知，长吞大嚼，以为得油水入腹。故知前生是饿鬼②投来。

【注释】

①动：动辄。

②饿鬼：佛经中六道轮回之一。据《救拔焰口饿鬼陀罗尼经》，来世投生为饿鬼者，口大如盆，咽细如针，对食物有强烈欲望，但是吞下去的每一口食物都会在咽喉处变成熊熊火焰，并从口中喷射出来。故此饿鬼又名“焰口”，为饿鬼举行超度法事为“放焰口”。

【点评】

燕窝宜于清鲜，不宜浓厚，将猪油浇于燕窝之上，确实是焚琴煮鹤，大煞风景。但是人分贫富，菜分贵贱：富商大贾品菜，品的是清鲜至味；

街头苦力吃饭，要的是营养解馋。袁枚讥食猪油者为饿鬼转世，实乃富贵心态。

记得小时候家里很穷，一年到头也吃不上几回菜，平日只能用臭豆腐和咸豆酱下饭。期末考试得了奖状，才舍得从一口小瓷缸里挖半勺猪油，撒几粒盐，无限幸福地抹在馒头片上……那时候假如顿顿有菜吃，而且菜上还能浇一勺猪油，简直等于天堂一般的享受了。

戒同锅熟

同锅熟之弊，已载前“变换须知”一条中。

戒耳餐

何谓耳餐[1]？耳餐者，务名之谓也。贪贵物之名，夸敬客之意，是以耳餐，非口餐也。不知豆腐得味，远胜燕窝；海菜[2]不佳，不如蔬笋。余尝谓鸡、猪、鱼、鸭，豪杰之士也，各有本味，自成一家；海参、燕窝，庸陋之人也，全无性情，寄人篱下。尝见某太守宴客，大碗如缸，白煮燕窝四两，丝毫无味，人争夸之。余笑曰：“我辈来吃燕窝，非来贩燕窝也。”可贩不可吃，虽多奚为？若徒夸体面，不如碗中竟放明珠百粒，则价值万金矣，其如吃不得何？

【注释】

①耳餐：务虚名，讲排场，食物听起来很好吃很高档。

②海菜：这里指海参、鱼翅、龙虾、鲍鱼等出产于海中的高档食材。

【点评】

耳闻不如眼见，眼见不如亲尝，因为菜是用来吃的，不是用来看的，更不是用来夸耀的。问题是，现实生活中用吃不完就倒掉的满桌大菜来炫耀排场者比比皆是。

据《银元时代生活史》一书记载，民国时某地最重排场，无论家里多么穷困，只要有客登门，必须上四盆压轴菜：一盆全鸡、一盆全鸭、一盆红烧鲤鱼、一盆红烧猪蹄。当这四盆菜上桌之时，识相的客人马上会推辞道："太丰盛了，真是吃不下了！"然后纷纷离席。如果不识相，动筷子去夹，主人就会拉下脸来，因为盆里的鸡、鸭、鱼、猪蹄全是木头刻的，上面浇了一些菜汤而已。

戒目食

何谓目食？目食者，贪多之谓也。今人慕"食前方丈[①]"之名，多盘叠碗，是以目食，非口食也。不知名手写字，多则必有败笔；名人作诗，烦[②]则必有累句。极名厨之心力，一日之中所作好菜，不过四五味耳，尚难拿准，况拉杂横陈乎？就使[③]帮助多人[④]，亦各有意见[⑤]，全无纪律，愈多愈坏。余尝过一商家，上菜三撤席[⑥]，点心十六道，共算食品将至四十余种。主人自觉欣欣得意，而我散席还家，仍煮粥充饥。可想见其席之丰而不洁矣。南朝孔琳之[⑦]曰："今人好用多品，适口之外，皆为悦目之资[⑧]。"余以为肴馔横陈，熏蒸腥秽，口亦无可悦也。

【注释】

①食前方丈：面前的食物琳琅满目，足足摆满一丈见方。语出《孟子·尽心下》："食前方丈，侍妾数百人，我得志，弗为也。"

②烦：繁多。

③就使：即使。

④帮助多人：很多人来帮助。

⑤意见：主见。

⑥撤席：撤下旧菜，端上新菜。

⑦孔琳之：两晋南北朝时人，能书能文，妙解音律，官至尚书，一生居官清廉，生活俭朴，相传为孔子嫡系子孙。

⑧悦目之资：让人看着开心的东西。

【点评】

上条写炫耀之弊，本条写贪多之弊。贪多有时是为了炫耀，有时则是为了表达自己的豪迈大方与热情好客，明知客人吃不完，仍要七碟子八碗堆满餐桌。时至今日，此风仍在：乡村地面办红白喜事，邀亲戚邻居到家坐席，那席面往往是以“吃不完”为标准的。如果最后撤席时竟然没有几盘菜和几碗汤原封不动地留在桌上，甚至有可能会成为左邻右舍口中的笑柄。由此可见，“目食”有时候并非因为主人饮食品位太差，而是社会风气使然。

戒穿凿

物有本性，不可穿凿[①]为之。自成小巧，即如燕窝佳矣，何必捶以为团？海参可矣，何必熬之为酱？西瓜被切，略迟不鲜，竟有制以为糕者；苹果太熟，上口不脆，竟有蒸之以为脯[②]者。他如《遵生八笺》[③]之“秋藤饼[④]”，李笠翁之“玉兰糕[⑤]”，都是矫揉造作，以杞柳为杯棬[⑥]，全失大方。譬如庸德庸行，做到家便是圣人，何必索隐行怪[⑦]乎？

【注释】

①穿凿：生拉硬扯，牵强附会。

②脯（fǔ）：肉类或水果的干制品。

③《遵生八笺》：明朝人高濂撰写的养生著作，内有食疗方多种。

④秋藤饼：用藤花做的饼，《遵生八笺》之《饮馔服食笺》载有做法："采花洗净，盐汤洒拌匀，入甑蒸熟，晒干，可作食馅子，美甚。"

⑤玉兰糕：清初美食家李渔发明的一款点心，不见于《闲情偶寄·饮馔部》，做法未详。

⑥以杞柳为杯棬（quān）：将天然的杞柳变成人造的杯盘。比喻将自然的东西变得不自然。语出《孟子·告子上》："性，犹杞柳也；义，犹杯棬也。以人性为仁义，犹以杞柳为杯棬。"杞柳，柳属灌木。棬，木制饮器。

⑦索隐行怪：意指身居隐逸的地方，故意做出夸张、荒诞的古怪行为，以此博取世人注意。

【点评】

燕窝团与海参酱或许为穿凿之作，西瓜糕与苹果脯则不然。按元代生活手册《居家必用事类全集》，北方居民为了延长水果保存期限，为了保证一年四季当中均有果品食用，常将瓜穰熬成"渴水"（浓稠的果酱），将水果制成蜜饯，或切片晒成梨条、枣圈、桃脯之类。这既是运输条件与水果贮藏技术尚未达到先进水平时应运而生的"深加工食品"，同时也给我们带来了与鲜果完全不同的别致口感与美妙风味。如果像西瓜糕和苹果脯这样的美食都属于穿凿，那么如今全世界人民都在食用的番茄酱和葡萄干也属于穿凿了。

戒停顿

物味取鲜，全在起锅时，及锋而试[①]，略为停顿，便如霉过衣裳，虽锦绣绮罗，亦晦闷而旧气可憎矣。尝见性急主人，每摆菜必一齐搬出，于是厨人将一席之菜都放蒸笼中，候主人催取，通行齐上，此中尚得有佳味哉？在善烹饪者，一盘一碗，费尽心思；在吃者，卤莽暴戾，囫囵吞下，真所谓得哀家梨[②]，仍复蒸食[③]者矣。余到粤东，食杨兰坡明府[④]鳝羹而美，访其故，曰："不过现杀、现烹，现熟、现吃，不停顿而已。"他物皆可类推。

【注释】

①及锋而试：趁着宝剑锋利的时候试验它。

②哀家梨：汉朝有一个人叫哀仲，家有佳梨，实大而味美，入口即化，时称"哀家梨"。

③仍复蒸食：语出《世说新语·轻诋》："桓南郡每见人不快，辄嗔云：'君得哀家梨，当复不蒸食否？'"比喻不识货，稀里糊涂地糟蹋了好东西。

④杨兰坡明府：杨国霖，号兰坡，曾任广东高要县令。明府，明清时人对县令的尊称。

【点评】

现杀现做现出锅，急火急炒急上桌，南方人谓之"锅气"，北方人则谓之"一热三分鲜"。我们知道，大多数食材在加热之前，本身并没有香味，加热时才会使还原性基团的糖类与各种类脂物质产生褐变，散发出美妙但是转瞬即逝的芳香。热菜放凉了，芳香也消失了，即使回锅再热，刚出锅时那种鲜脆的口感和愉悦的香味也找不回来了。

戒暴殄

暴者不恤人功，殄[①]者不惜物力。鸡、鱼、鹅、鸭，自首至尾，俱有味存，不必少取多弃也。尝见烹甲鱼者专取其裙[②]，而不知味在肉中；蒸鲥鱼者专取其肚，而不知鲜在背上。至贱莫如腌蛋，其佳处虽在黄不在白，然全去其白而专取其黄，则食者亦觉索然矣。且予为此言，并非俗人惜福[3]之谓。假使暴殄而有益于饮食，犹之可也，暴殄而反累于饮食，又何苦为之？至于烈炭以炙活鹅之掌，刺刀以取生鸡之肝，皆君子所不为也。何也？物为人用，使之死，可也，使之求死不得，不可也。

【注释】

①殄：灭绝。

②裙：此处指甲鱼背甲上缘那一圈很软的肉，俗称“裙边”。

③惜福：佛教用语，珍惜现有的福报，不敢过分享受。

【点评】

有两句值得点赞。第一句：“假使暴殄而有益于饮食，犹之可也，暴殄而反累于饮食，又何苦为之？”第二句：“物为人用，使之死，可也，使之求死不得，不可也。”第一句有禅意，第二句有佛性。

戒纵酒

事之是非，惟醒人能知之；味之美恶，亦惟醒人能知之。伊尹[1]曰：“味之精微，口不能言也。”口且不能言，岂有呼呶[2]酗酒之人，能知味者乎？往往见拇战[3]之徒，啖佳菜如啖木屑，心不存焉。所谓惟酒是务，焉知其余，而治味之道扫地矣。万不得已，先于正席尝菜之味，后于撤席逞酒之能，庶乎其两可[4]也。

【注释】

①伊尹：商朝初年著名贤臣，据说曾以烹饪之术向商王解释治国之道。

②呶（náo）：喧闹。

③拇战：划拳。

④庶乎其两可：差不多可以做到两全其美。

【点评】

中国历史上有很多大才子是不爱喝酒或者不能喝酒的，例如白居易、苏东坡、陆游、李渔、袁枚、纪晓岚等人皆是如此。其中苏东坡虽然“性喜饮酒”，但是一饮即醉，所以感叹说“天下之不能饮，无在予下者”（《东皋子传》）。既然与酒无缘，则自然比酒徒更清醒，更理性，也更有心思去品评美食之味。袁枚生平不喜饮酒，故此他提出了一个“先于正席尝菜之味，后于撤席逞酒之能”这样一个看起来两全其美的建议。可是经验告诉我们，如果胃里装满了菜，饮酒的兴趣就会陡然下降，这可是酒徒们不愿接受的哦！

戒火锅

冬日宴客，惯用火锅。对客喧腾，已属可厌；且各菜之味有一定火候，宜文宜武[①]、宜撤宜添[②]，瞬息难差，今一例[③]以火逼之，其味尚可问哉？近人用烧酒代炭，以为得计，而不知物经多滚，总能变味。或问：“菜冷奈何？”曰：“以起锅滚热之菜，不使客登时食尽，而尚能留之以至于冷，则其味之恶劣可知矣。”

【注释】

①宜文宜武：有的菜适合文火，有的菜适合武火。

②宜撤宜添：有的菜该捞出来，有的菜该放进去。

③一例：一概。

【点评】

火锅的历史由来已久，南宋食谱《山家清供》中即已出现兔肉火锅，此后八百年间一直在中华大地上长盛不衰，且越来越走红。

就饮食健康与保持食物本味而言，火锅确实是有害的。作为江南文士，袁枚不喜欢火锅也是可以理解的。但是火锅能存续那么长时间，能吸引那么多食客，现在大江南北的火锅生意那么红火，必然有它的道理在。

戒强让

治具宴客，礼也。然一肴既上，理直[1]凭客举箸，精肥整碎，各有所好，听从客便，方是道理，何必强让之？常见主人以箸夹取，堆置客前，污盘没碗，令人生厌。须知客非无手无目之人，又非儿童、新妇，怕羞忍饿，何必以村妪小家子之见解待之？其慢客也至矣！近日倡家[2]尤多此种恶习，以箸取菜，硬入人口，有类强奸，殊为可恶。长安有甚好请客而菜不佳者，一客问曰："我与君算相好[3]乎？"主人曰："相好！"客跽[4]而请曰："果然相好，我有所求，必允许而后起。"主人惊问："何求？"曰："此后君家宴客，求免见招。"合座为之大笑。

【注释】

①理直：理应该。

②倡家：妓馆。

③相好：交情深厚。

④跽（jì）：双膝着地，挺直上身，长跪而不拜。

【点评】

劝酒与劝菜，均为中餐宴席上常见习俗。劝酒使人多饮，于健康不利；劝菜则用沾满自己唾液的筷子夹起菜肴往客人跟前放，本来共餐制就不卫生，这样劝菜就更不卫生了。

戒走油

凡鱼、肉、鸡、鸭，虽极肥之物，总要使其油在肉中，不落汤中，其味方存而不散。若肉中之油半落汤中，则汤中之味反在肉外矣。推原①其病有三：一误于火太猛，滚急水干，重番②加水；一误于火势忽停，既断复续；一病在于太要相度③，屡起锅盖，则油必走。

【注释】

①推原：分析。

②重（chóng）番：多次。

③相度：检查，查看。

【点评】

按现代烹饪术语，走油有两种含义：一即“过油”，将原料油炸成半成品；二指肉类中的油脂流失过多，变得坚韧干枯，难以下咽。此处指第二义。

戒落套①

唐诗最佳，而五言八韵②之试帖③，名家不选，何也？以其落套故也。诗尚如此，食亦宜然。今官场之菜，名号有十六碟、八簋④、四点心之称，有满汉席之称，有八小吃之称，有十大菜之称。种种俗名，皆恶厨陋习。只可用之于新亲上门，上司入境，以此敷衍，配上椅披⑤、桌裙⑥、插屏、香案，三揖百拜方称。若家居欢宴，文酒开筵，安可用此恶套哉？必须盘碗参差，整散杂进，方有名贵之气象。余家寿筵婚席，动至五六桌者，传唤外厨，亦不免落套。然训练之，卒[⑦]范我驰驱[⑧]者，其味亦终竟不同。

【注释】

①落套：落入俗套。

②五言八韵：唐宋两代及清代乾隆年间科举考试时让考生完成的古诗，格律严整，每首通常共有八句，每句五个字，故称“五言八韵”。

③试帖：科举考试时用的试卷，此处专指“试帖诗”，即按照考卷要求所作的命题诗。

④八簋（guǐ）：八大碗。簋，古代食器，圆口大腹，双耳三足。

⑤椅披：椅套。

⑥桌裙：桌布。

⑦卒：终于。

⑧范我驰驱：听从我的指挥。

【点评】

鲁迅说过：“我们中国的许多人……大抵患有一种‘十景病’，至少是‘八景病’……凡看一部县志，这一县往往有十景或八景，如‘远村明月’‘萧寺清钟’‘古池好水’之类。而且，‘十字’形的病菌似乎已经侵入血管，流布全身……点心有十样锦，菜有十碗，音乐有十番，阎罗有十殿，药有十全大补，猜拳有全福手福手全，连人的劣迹或罪状宣布起来也大抵是十条，仿佛犯了九条的时候总不肯歇手。”鲁迅说的“十景病”，正是袁枚所说的“俗套”，实际就是在犯硬凑数的毛病，将本不关联的风景或菜肴硬往一块儿凑，不凑成“四大扒”和“八大碗”就会遗憾终身似的。为啥非要凑整呢？因为听起来确实好听，摆出盘来确实大气。好在这种毛病如今只残存在所谓地方特色宴席当中，估计很快就要被扫进历史的垃圾堆了。

戒混浊

混浊者，并非浓厚之谓。同一汤也，望去非黑非白，如缸中搅浑之水；同一卤也，食之不清不腻，如染缸倒出之浆。此种色味，令人难耐。救之之法：总在洗净本身[①]。善加作料，伺察水火，体验酸咸。不使食者舌上有隔皮、隔膜之嫌。庾子山[②]论文云："索索无真气，昏昏有俗心[③]。"是即混浊之谓也。

【注释】

①本身：主料。

②庾子山：指南北朝时文学家庾信，字子山。

③"索索"二句：意气萧索的样子没有纯真之气，昏昏沉沉的样子表明追逐名利。语出庾信《拟咏怀二十七首》之第一首。

【点评】

底汤要清，卤色要正，否则菜色昏暗无光，令人看了没有食欲。

戒苟且

凡事不宜苟且[①]，而于饮食尤甚。厨者皆小人下村[②]，一日不加赏罚，则一日必生怠玩。火齐[③]未到而姑且下咽，则明日之菜必更加生[④]；真味已失而含忍不言，则下次之羹必加草率。且又不止[⑤]，空赏空罚[⑥]而已也。其佳者，必指示其所以能佳之由[⑦]；其劣者，必寻求其所以致劣之故。咸淡必适其中，不可丝毫加减，久暂必得其当，不可任意登盘。厨者偷安，吃者随便，皆饮食之大弊。审问[⑧]、慎思、明辨，为学之方也；随时指点，教学相长[⑨]，作师之道也。于是味何独不然？

【注释】

①苟且：马马虎虎，得过且过。

②下村：地位低下，头脑蠢笨。

③火齐（jì）：火候。《礼记·月令》云："陶器必良，火齐必得。"

④加生：当为"夹生"之误。

⑤且又不止：而且还会持续出现。

⑥空赏空罚：赏罚流于形式，收不到实效。

⑦能佳之由：能把饭菜做好的根由。

⑧审问：详细询问。

⑨教学相长：教师与学生之间互相学习，共同提高。

【点评】

袁枚以美食家著称，但他这种美食家是高高在上的美食家，一切全靠奴仆，从不亲自下厨。甭看他讲起烹饪技法来头头是道，真要塞一把炒勺给他，他会把五官烫伤的。

"厨者皆小人下村，一日不加赏罚，则一日必生怠玩。"这句话让现代厨师看到，袁枚即使不挨一顿胖揍，至少也要挨一顿批评。不过我们也不要过于指责他，毕竟他生活在一个人人不平等的专制时代，绝大多数士大夫对靠双手吃饭的劳动者都怀有根深蒂固的歧视思想。

海鲜单

古八珍[1]，并无海鲜之说。今世俗尚之，不得不吾从众[2]。作《海鲜单》。

齐白石画的鱼虾

【注释】

①八珍：《礼记·内则》中记载的八种美食，包括淳熬（肉酱盖浇饭）、淳母（肉酱黍米饭）、炮豚（烤猪）、炮牂（zāng）（烤羊羔）、捣珍（捣断筋膜的里脊肉）、渍珍（牛肉片蘸料汁）、熬珍（牛肉干）、肝膋（liáo）（用狗肝做的网油卷）。

②不得不吾从众：我不得不遵从大家的习惯。

【点评】

周朝人民的主食只有大米和谷子，小麦还很少见，玉米则要到两千年后才会从美洲引入。至于蔬菜当中的花生、菠菜、豆角、芥蓝、西芹、土豆、甘蓝、大葱、大蒜、辣椒、西红柿……虽然现在极其常见，但是那时候的人们却连听都没有听说过。周天子号称富有四海，翻翻他的食谱，不仅单调乏味，甚至血腥野蛮，捣断筋膜的里脊直接生吃，蘸了料汁的牛肉直接生吃。《礼记·内则》载有周天子在大型宴会上常备的几道生猛小菜，其中竟有白蚁卵、蝗虫卵、蜜蜂的幼虫、知了的幼虫，还有用蜗牛做的酱！

跟周天子相比，生活在食材极大丰富时代的后人无疑是非常幸福的。

燕窝

燕窝贵物，原不轻用，如用之，每碗必须二两。先用天泉滚水[①]泡之，将银针挑去黑丝，用嫩鸡汤、好火腿汤、新蘑菇三样汤滚之，看燕窝变成玉色为度。此物至清，不可以油腻杂之；此物至文[②]，不可以武物[③]串之。今人用肉丝、鸡丝杂之，是吃鸡丝、肉丝，非吃燕窝也。且徒务其名，往往以三钱[④]生燕窝盖碗面，如白发数茎，使客一撩不见，空剩粗物满碗。真乞儿卖富，反露贫相。不得已，则蘑菇丝、笋尖丝、鲫鱼肚、野鸡嫩片尚可用也。余到粤东，杨明府[⑤]冬瓜燕窝甚佳，以柔配柔，以清入清，重用鸡汁、蘑菇汁而已。燕窝皆作玉色，不纯白也。或打作团，或敲成面，俱属穿凿。

【注释】

①天泉滚水：用雨水烧成的沸水。天泉，即雨水，见文震亨《长物

志》卷三《天泉》："秋雨为上，梅雨次之，秋雨白而洌，梅雨白而甘。"

②此物至文：这种食材（燕窝）的味道最为单纯。

③武物：这里指味道香浓的肉类。

④三钱：十分之三两。钱，古代重量单位，十钱为一两，十六两为一斤。清代一斤约六百克，一两约三十七克，一钱约三四克。

⑤杨明府：即前文《戒单》中的杨兰坡明府。

【点评】

燕窝是金丝燕用唾液和羽毛筑造的巢穴，传统医学与营养学将其视为高级补品，并认为能增强人体免疫力，其实它的主要营养成分不过是水溶性蛋白质，氨基酸配比远远逊于鱼类，营养价值远远低于豆腐。经现代医学分析及临床检验，燕窝中所含有的唾液酸对修复呼吸黏膜和皮肤活细胞并没有任何可供证明的疗效，所以商家或那些所谓的中医养生大师们所宣传的燕窝可以清肺和养颜的传说，也仅仅只是传说而已。

中国人原本并不将燕窝纳入食材的范畴，更不将其视为药材。但是在明朝中后期，燕窝被东南亚诸国以朝贡的方式献给皇帝，从此才一跃成为高级食材，直到今天在中国大陆形成一条充斥着学术谎言和商业欺诈的燕窝产销产业链。不知道这是金丝燕的不幸，还是中国人的不幸呢？

海参三法

海参无味之物，沙多气腥，最难讨好。然天性浓重，断不可以清汤煨也。须检[①]小刺参[②]，先泡去沙泥，用肉汤滚泡三次，然后以鸡、肉两汁[③]红煨极烂。辅佐则用香蕈[④]、木耳，以其色黑相似也。大抵明日请客，则先一日要煨，海参才烂。尝见钱观察[⑤]家，夏日用芥末、鸡汁拌冷海参丝，甚佳。或切小碎丁，用笋丁、香蕈丁人鸡汤煨作羹。蒋侍郎[6]家用豆腐皮、鸡腿、蘑菇煨海参，亦佳。

【注释】

①检：挑选。

②刺参：海参中最为名贵的一种，肉嫩而多刺。

③鸡、肉两汁：鸡汤与猪肉汤。

④香蕈（xùn）：香菇。

⑤钱观察：钱琦，字相人，号屿沙，与袁枚同乡，且同年中秀才，二人相交长达五十年。钱琦曾任河南道监察御史、江苏按察使等职，其中按察使由古职“观察处置使”演变而来，故袁枚称其“钱观察”。

⑥蒋侍郎：应为雍正八年（1730）进士蒋溥，此人曾任吏部侍郎兼刑部侍郎，袁枚四十二岁那年与之相识于扬州。

【点评】

海参与燕窝不同。燕窝没什么营养，海参是真的有营养；燕窝没有滋补功效，海参却真是大补之品；燕窝本身几乎没有味道，寡淡之极，而海参醇美浓厚，滑润爽口，唯一的缺点是难以去除腥味。本条食谱中以肉汤、鸡腿、香菇、芥末、竹笋等物作配料，既能去腥，又能提鲜，确实是料理海参的合理方法。

鱼翅二法

鱼翅难烂，须煮两日，才能摧刚为柔[1]。用有二法：一用好火腿、好鸡汤，加鲜笋、冰糖钱许[2]煨烂，此一法也；一纯用鸡汤串[3]细萝卜丝，拆碎鳞翅[4]搀和其中，飘浮碗面，令食者不能辨其为萝卜丝、为鱼翅，此又一法也。用火腿者，汤宜少；用萝卜丝者，汤宜多。总以融洽柔腻为佳。若海参触鼻[5]，鱼翅跳盘[6]，便成笑话。吴道士家做鱼翅，不用下鳞[7]，单用上半原根[8]，亦有风味。萝卜丝须出水二次，其臭才去。尝[9]在郭耕礼[10]家吃鱼翅炒菜，妙绝！惜未传其方法。

【注释】

①摧刚为柔：使坚硬变得柔软。

②钱许：一钱左右。钱为重量单位，见《海鲜单·燕窝》注。

③串：同“汆”，将食材放进滚汤里煮到断生。

④鳞翅：翅针的末梢。

⑤海参触鼻：海参如果发透，用筷子夹起来，两端会自然下垂。如果没有发透，用筷子夹着仍然僵硬挺直，往嘴里送的时候会碰到鼻子。

⑥鱼翅跳盘：鱼翅没有泡软，用筷子夹时会滑到盘子外面。

⑦下鳞：将翅针的末梢剪下来放进锅里。

⑧原根：翅根。

⑨尝：曾经。

⑩郭耕礼：扬州人，擅长绘画，系袁枚好友。

【点评】

同燕窝相似，鱼翅也是一种被过度夸大营养价值的食材。确切地说，鱼翅根本不应该成为食材，因为食客们对鱼翅的需求客观上造成了渔民对鲨鱼的疯狂捕杀，对海洋生态已经构成了严重威胁。另一方面，即使是单从营养价值上讲，现代人也不应该将鱼翅当作珍馐美味：第一，鱼翅所含的蛋白质缺少人体所必需的色氨酸，是一种不完全蛋白质，除此之外又不含有人体容易缺乏的任何一种营养成分；第二，鱼翅来自鲨鱼，而鲨鱼是处于海洋生态食物链顶端的大型生物，故此会因为海洋污染而在体内积累大量对人体有害的重金属，常吃鱼翅除了会导致男性不育，还会损害肾脏及中枢神经。另据美国《赫芬顿邮报》2014 年一则报道，鱼翅中还含有高浓度的神经毒素，过量食用可能导致老年痴呆。说到这儿我们不由得感叹一句：幸亏鱼翅很贵，不然岂不是所有中国人都要深受其害？

鳆鱼[①]

鳆鱼炒薄片甚佳。杨中丞[②]家削片入鸡汤豆腐中，号称“鳆鱼豆腐”，上加陈糟油[③]浇之。庄太守[④]用大块鳆鱼煨整鸭，亦别有风趣。但其性坚[⑤]，终不能齿决，火煨三日，才拆得碎。

【注释】

①鳆鱼：鲍鱼。在古代，“鲍鱼”指咸鱼干，“鳆鱼”方指鲍鱼。

②杨中丞：杨锡绂，江西清江人，曾任湖南巡抚，有诗才，袁枚在《随园诗话》中盛赞之。中丞，巡抚的别称，掌一省之军事与民政。

③糟油：用芝麻油、甜酒糟、食盐调和而成的料汁，亦有直接在黄酒原浆中投入食盐与香料而酿成的糟油。

④庄太守：庄经畬，字汇茹，号念农，一号研农，江苏常州人，乾隆二年（1737）进士，官至宁国府知府。此人为袁枚好友，曾为随园书楹联一副。太守，知府的别称，近似于今天的市长。

⑤性坚：坚硬耐煮。

【点评】

燕窝、鱼翅、鲍鱼，并称“燕翅鲍”，是中国人心目中的高级食材，是各大酒楼高档宴会上的压轴菜。但是它们走上餐桌的历史并不同步：燕窝在明朝成为宫廷御膳。鱼翅在宋朝已经被沿海居民食用，不过当时的食用方法仅仅是长时间炖煮，然后将翅骨扔掉，使浓汤冷却为肉冻，最后再切成薄片，美其名曰“沙鱼脍”。鲍鱼呢？从文献记载可知，它至少在汉朝就已经非常盛行了。如《汉书·王莽传》记载王莽就着鲍鱼喝闷酒，曹植《祭父文》中则透露出曹操生前最爱吃鲍鱼。

需要补充说明的是，鲍鱼在古代并不写成“鲍鱼”，而是写成“鳆鱼”。“鲍鱼”这个词在明朝以前一直是指咸鱼干，如成语“鲍鱼之肆”的本义就是指味道很臭，好像走进一家店铺，里面正卖一坨一坨的臭咸鱼。

淡菜[①]

淡菜煨肉加汤，颇鲜。取肉去心[②]，酒炒亦可。

【注释】

①淡菜：贻贝的干制品，富含蛋白质，可炖，可炒，可烤。贻贝，双壳类软体动物，外壳呈三角形，表面漆黑发亮，生长在海滨岩石上。

②取肉去心：留下净肉，去掉贝壳里的脏东西。

【点评】

淡菜是海蚌的一种，又名“贻贝”，煮熟去壳，晒干而成，因煮制时不加盐，故称“淡菜”。

淡菜味道极鲜，营养也很丰富，它所含蛋白质、碘、钙和铁都比较多，但所含脂肪很少，故此是一种非常好的养生美容食材，比燕窝、鱼翅之类靠谱多了。

海蝘[①]

海蝘，宁波小鱼也，味同虾米，以之蒸蛋[②]甚佳，作小菜亦可。

【注释】

①海蝘（yǎn）：即海蜒，鳀鱼的幼鱼，产浅海中，身圆无鳞，体细色白，长半寸许，肉质鲜美，有丁香味。

②以之蒸蛋：海蜒治净，放入碗底，加葱花、姜粉、食盐、黄酒，倒

入蛋糊拌匀，上笼蒸熟。

【点评】

2004年第一次吃到海蝘，是在宁波工作的同学寄过来的，寄了一小罐。打开一瞧，细小，蜷曲，颜色发黄发绿，手感发干发脆，堆在一起就像一罐茶叶。当然，味道跟茶叶完全不一样，腥而甜，用来炖汤，味鲜香浓，不必加盐。

乌鱼蛋[①]

乌鱼蛋最鲜，最难服事[②]。须河水滚透，撤沙去臊[③]，再加鸡汤、蘑菇煨烂。龚云若司马[④]家制之最精。

【注释】

①乌鱼蛋：雌乌贼的缠卵腺，扁圆形，小如鸽蛋，大如鸡蛋。

②服事：服侍，这里指将乌鱼蛋治净。

③撤沙去臊：洗掉沙子，去掉臊味。

④龚云若司马：龚如璋，号云若，南京人，袁枚的门生。司马，同知的别称，相当于副市长。

【点评】

乌鱼蛋不同于乌鱼子，虽然它们两个都是从雌乌贼身上得来的，但乌鱼蛋来自雌乌贼的缠卵腺，而乌鱼子则是用乌贼卵加工而成的。乌贼又名墨鱼，故此乌鱼蛋又名墨鱼蛋。因其颜色淡红透白，所以又被称为“白蛋”。

成功腌制的乌鱼蛋很腥，也很咸，需要先用清水泡上一两个小时，待漂洗干净，再用料酒、生姜、大葱等物去腥，然后加高汤烹煮。

江瑶柱[①]

江瑶柱出宁波，治法与蚶、蛏[②]同。其鲜脆在柱[③]，故剖壳时多弃少取[④]。

【注释】

①江瑶柱：今写作“江珧柱”，简称“江珧”，江珧科动物栉江珧的闭壳肌，干制以后俗称“干贝”。

②蛏（chēng）：蛏子，狭长如小竹节的贝类动物。

③柱：这里指栉江珧的闭壳肌，因圆白如柱而得名。

④多弃少取：只取闭壳肌，不要余肉，宁缺毋滥。

【点评】

身为北方人，以前对南方水产特别陌生。记得少年时读《射雕英雄传》，见黄蓉在张家口某酒楼点菜，招手喊店小二过来骂道：“你们这江珧柱是五年前的宿货，这也能卖钱？”顿时一头雾水，不懂江珧柱究竟是何方神圣。直到读大学时去舟山游玩，吃面的时候才第一次品尝到江珧柱：几片蒸熟并拍碎的干贝就简简单单铺在面碗里，夹一个尝尝，哇，鲜得简直要连舌头一起吞到肚子里去。

现在川菜里有一道“开水煮白菜”，黄澄澄的汤碗里就放着一小棵白菜心，却代表了川菜的最高水准，为啥呢？原来那碗“开水”并不是真的开水，而是用江珧柱和其他材料吊的清汤。

蛎黄[①]

蛎黄生石子上，壳与石子胶黏不分，剥肉作羹，与蚶蛤[②]相似。一名“鬼眼”。乐清、奉化两县土产，别地所无。

【注释】

①蛎（lì）黄：牡蛎肉。《本草纲目》载："南海人以蛎房砌墙，烧灰粉壁，食其肉，谓之蛎黄。"

②蚶（hān）蛤（gé）：蚶子和蛤蜊。

【点评】

蛎黄就是牡蛎肉，在我国其实产地甚多，北至大连，南至三亚，沿海地区所在皆有。袁枚说只有浙江的乐清和奉化两地才产牡蛎，其他地方都没有，未免太武断。不过考虑到他那个时代没有网络，无论多么见多识广的人，其眼界都仅限于足迹所至之处，袁枚所犯的这个小错误也就可以理解了。

江鲜单

郭璞[1]《江赋》鱼族甚繁，今择其常有者治之，作《江鲜单》。

【注释】

①郭璞：东晋文学家兼博物学家，精通天文、历算、风水、卜筮之术。著有《江赋》《南郊赋》。其《江赋》文辞壮丽，汪洋恣肆，多有奇异水产之名。

【点评】

本章甚短，仅有食谱六种，主材则只有五种，即刀鱼、鲥鱼、鲟鱼、黄鱼、河豚。这五种均以长江所产最为有名，故名“江鲜”。

刀鱼[1]二法

刀鱼用蜜酒酿[2]、清酱[3]放盘中，如鲥鱼法蒸之最佳，不必加水。如嫌刺多，则将极快刀刮取鱼片，用钳抽去其刺。用火腿汤、鸡汤、笋汤煨之，鲜妙绝伦。金陵人畏其多刺，竟油炙极枯[4]，然后煎之。谚曰：“驼背夹直，其人不活。”此之谓也。或用快刀将鱼背斜切之，使碎骨尽断，再下锅煎黄，加作料，临食时竟不知有骨，芜湖陶大太[5]法也。

【注释】

①刀鱼：即刀鲚，见《须知单·时节须知》注。

②蜜酒酿：酒酿的别称。

③清酱：酱油的别称。

④油炙极枯：油炸至焦脆。

⑤陶大太：《随园诗话》与《小仓山房尺牍》均不见此人姓名，或为芜湖名厨。

【点评】

袁枚是杭州人，饮食偏于清淡，除了不管什么都喜欢“酱一酱再吃”这种江南特有的烹饪习惯外，他并不喜欢浓油赤酱，更不喜欢挂糊油炸。肉也好，鱼也好，在他那里都是能蒸则蒸，能煮则煮，能炒则炒，能汆则汆，万不得已才会滚油去炸。实在讲，他这种饮食偏好是科学的，不会过度破坏营养成分，也不会摄入太多因剧烈高温而产生的致癌物质。

同样是做鱼，南方人比北方人聪明得多——北方盛行油炸，无论江鱼还是海鱼，无论野生还是养殖，到手就是一个“炸”字。炸得外焦里脆，鱼骨尽酥，或直接吃下，或加料黄焖，总以浓香为美。其实鱼贵清鲜，大多数鱼类都不适合油炸。

鲥鱼

鲥鱼[①]用蜜酒[②]蒸食，如治刀鱼之法便佳。或竟用油煎，加清酱、酒酿亦佳。万不可切成碎块加鸡汤煮，或去其背，专取肚皮，则真味全失矣。

【注释】

①鲥鱼：见《须知单·独用须知》注。

②蜜酒：应为蜂蜜酒，即用蜂蜜加水发酵而成的甜酒，不蒸馏，度数极低。叶梦得《避暑录话》卷上：“苏子瞻在黄州作蜜酒，不甚佳，饮者辄暴下，蜜水腐败者尔。尝一试之，后不复作。”苏东坡有《蜜酒歌》述其酿造之法，三日即酿成。

【点评】

长江鲥鱼、黄河鲤鱼、太湖银鱼、松江鲈鱼，古时并称“四大名鱼”。鲥鱼极为细嫩，烹制时无需去鳞，鳞下多脂，富含不饱和脂肪酸，肚皮处尤其鲜美多汁。但是追求“真味”的袁枚特别指出不能专取鲥鱼肚皮，就像鳖裙虽美，烹制时不能专取鳖裙一样。

鲟鱼[①]

尹文端公[②]，自夸治鲟鳇[③]最佳，然煨之太熟，颇嫌重浊。惟在苏州唐氏[④]吃炒鳇鱼片甚佳。其法：切片油炮[⑤]，加酒、秋油[⑥]，滚三十次，下水再滚，起锅加作料，重用瓜、姜、葱花。又一法，将鱼白水煮十滚，去大骨，肉切小方块。取明骨[⑦]切小方块；鸡汤去沫，先煨明骨八分熟，下酒、秋油，再下鱼肉，煨二分烂起锅，加葱、椒、韭，重用姜汁一大杯。

【注释】

①鲟（xún）鱼：现存最古老的大型鱼类，肉质细嫩，无刺，仅有主骨与软骨，可清蒸、红烧、煎炒。

②尹文端公：尹继善，满洲镶黄旗人，姓章佳氏，清代重臣，颇受雍正与乾隆宠信，其第二女嫁给乾隆第八子，与皇帝结为儿女亲家，多次出任两江总督，主掌军政与民政大权，乾隆三十六年（1771）去世，谥文端。他主政江南时，袁枚与之过从甚密。

③鲟鳇（huáng）：鲟鱼与鳇鱼。鳇鱼也是大型鱼类，体形与鲟鱼近似，唯左右腮膜相连，故此鲟鳇并称。

④苏州唐氏：应为苏州富商唐静涵，见《羽族单·唐鸡》注。

⑤油炮：利用大量热油急火快炒，迅速地将食物致熟的烹调方法。

⑥秋油：见《须知单·作料须知》注。

⑦明骨：指色白软脆的软骨，俗称“脆骨”。

【点评】

像大熊猫一样，鲟鱼是中国特产的珍稀动物，也是研究鱼类与脊椎动物进化的活化石。闻名世界的中华鲟就是鲟鱼的一种。不过目前已有人工养殖的鲟鱼，可以买来食用。鲟鱼体型巨大，只有一根大如脆骨似的独刺，非常适合既爱吃鱼又不会取刺的食客。

黄鱼

黄鱼切小块，酱酒郁[①]一个时辰[②]，沥干。入锅爆炒两面黄，加金华豆豉一茶杯、甜酒一碗、秋油一小杯，同滚。候卤干色红，加糖，加瓜、姜收起，有沉浸浓郁之妙。又一法，将黄鱼拆碎，入鸡汤作羹，微用甜酱水、纤粉[③]收起之，亦佳。大抵黄鱼亦系浓厚之物，不可以清治[④]之也。

【注释】

①郁：沉浸。

②时辰：古代计时单位，一个时辰等于两小时。

③纤（qiàn）粉：即芡粉，见《须知单·用纤须知》注。

④清治：少用作料，少爆炒、煨煮，以清鲜风味取胜。

【点评】

黄鱼又名“石首鱼”，本属海产，并非江鲜，但它有洄游习性，所以在长江下游也可以捕捞到。每年三四月间，黄鱼大量上市，可以干炸、油煎、清蒸、红烧，做成美味的酥炸黄鱼、椒盐黄鱼、清蒸黄鱼、红烧黄鱼，以及加料做成黄鱼烧豆腐、蒜子烧黄鱼、雪菜黄鱼、豉椒黄鱼、茄汁黄鱼、春笋腊肉蒸黄鱼等等。

粗略来分，黄鱼有大小两种。大黄鱼肥厚但粗老，小黄鱼鲜嫩但多刺；前者适合改刀红烧，后者适合整条黄焖。按本条食谱中所写两种制法，一为切块红烧，一为拆肉炖汤，都是大黄鱼的做法。

班鱼[①]

班鱼最嫩，剥皮去秽，分肝、肉二种[②]，以鸡汤煨之，下酒三分、水二分、秋油一分。起锅时加姜汁一大碗、葱数茎，杀去腥气。

【注释】

①班鱼：河豚的幼鱼。

②分肝、肉二种：将幼年河豚的肝与肉分开料理。

【点评】

河豚幼年在淡水中生活，此时被称为班鱼。班鱼翌年春天入海，在海中长至性成熟，再洄游至淡水区域产卵，此时被称为河豚。

古人认为成年河豚的肝脏含有剧毒，但幼年河豚是无毒的，故此袁枚提议将班鱼肝和班鱼肉分开料理，并未将肝脏弃之不用。可是根据现代最新研究成果，即使是性腺尚未发育、一直在淡水中生活的幼年河豚，其皮肤、血液、眼睛与肝脏中也含有神经毒素。所以我们应该对袁枚描述的班鱼做法稍作修改，将“分肝、肉二种”改为“去肝不用”。

假蟹[①]

煮黄鱼二条，取肉去骨，加生盐蛋[②]四个，调碎，不拌入鱼肉。起油锅炮[③]，下鸡汤滚，将盐蛋搅匀，加香蕈、葱、姜汁、酒。吃时酌用醋④。

【注释】

①假蟹：用其他食材制作的假螃蟹。

②生盐蛋：没有煮熟的咸鸭蛋或者咸鸡蛋。

③炮：猛油急火快速煎炒。

④酌用醋：根据口味适量加些醋。

【点评】

黄鱼肉配上咸蛋糊，先炒黄鱼，下鸡汤烧滚，再倒入咸蛋糊，加上香菇、葱姜与料酒，无论外观还是味道，都可以冒充炒蟹粉。

自宋朝以来，我国就流行仿荤菜，但多属以素仿荤，如用玉兰片仿鱼翅，用萝卜丝仿燕窝，用冬菇木耳仿甲鱼，用鲜藕面筋仿排骨，用油豆皮与藕粉仿火腿，用紫菜与黑木耳仿海参，或用土豆与胡萝卜煮熟去皮，加笋丝同炒，以此亦可仿蟹粉。

特牲[1]单

猪用最多，可称“广大教主[2]”，宜[3]古人有特豚馈食[4]之礼，作《特牲单》。

【注释】

①特牲：非常重要的牲畜，这里指猪。

②广大教主：佛教用语。广大，知识宽广，胸襟博大；教主，开宗立派的领袖。

③宜：怪不得。

④特豚馈食：语出《礼记·昏义》：“舅姑入室，妇以特豚馈，明妇顺也。”指新娘子向公婆献上猪肉。

【点评】

广大教主，这可是佛教徒对释迦牟尼的尊称，袁枚把这个伟大的称号放在猪身上，可谓大胆。不过也能反映出猪肉在他心目中的地位之高，是其他所有肉类都不能比拟的。

比袁枚稍晚的法国作家大仲马也是个声名赫赫的美食家，他曾在《大仲马美食词典》一书中如此赞美猪：“猪这种家畜看上去很脏，实际上全身都是宝，用它制作的熟食名目繁多，有火腿、香肠、腊肠、熏肠、血肠、猪蹄、猪头、猪耳、猪舌、猪脆皮、腌肉、意大利奶酪咸肉、肉臊等等。”

猪头二法

洗净，五斤重者用甜酒三斤，七八斤者用甜酒五斤。先将猪头下锅，同酒煮，下葱三十根、八角三钱，煮二百余滚，下秋油[1]一大杯、糖一两，候熟后，尝咸淡，再将秋油加减。添开水要漫过猪头一寸，上压重物，大火烧一炷香[2]，退出大火，用文火细煨收干，以腻为度[3]。烂后即开锅盖，迟则走油。一法：打[4]木桶一个，中用铜帘[5]隔开，将猪头洗净，加作料，焖入桶中，用文火隔汤蒸之，猪头熟烂，而其腻垢悉从桶外流出，亦妙。

【注释】

①秋油：见《须知单·作料须知》注。

②大火烧一炷香：用大火烧一炷香时间，约一个小时。

③以腻为度：以猪头肥烂、色泽油亮为度。

④打：加工。

⑤铜帘：铜做的锅篦。

【点评】

苏东坡《仇池笔记》中有一则《煮猪头颂》："净洗锅，浅著水，深压柴头莫教起。黄豕贱如土，富者不肯吃，贫者不解煮，有时自家打一碗，自饱自知君莫管。"说穿了，不过"小火慢炖"四个字而已，别无妙法。而袁枚料理猪头则妙招迭出：烹法有煮有蒸，火候先武后文，作料中甜酒、酱油、大葱、八角与糖并用，又有特制木桶可使猪油流出，不至肥腻。同是美食家，东坡不及袁枚多矣！

猪蹄四法

蹄膀[1]一只，不用爪，白水煮烂，去汤，好酒一斤、清酱油杯半、陈皮一钱、红枣四五个，煨烂。起锅时，用葱、椒、酒泼入，去陈皮、红枣，此一法也。又一法：先用虾米煎汤代水，加酒、秋油煨之。又一法：用蹄膀一只，先煮熟，用素油[2]灼皱其皮[3]，再加作料红煨[4]。有土人好先掇食其皮，号称“揭单被”。又一法：用蹄膀一个，两钵合之，加酒，加秋油，隔水蒸之，以二枝香[5]为度，号“神仙肉”，钱观察[6]家制最精。

【注释】

①蹄膀（páng）：即肘子，今通写作“蹄髈（pǎng）”。

②素油：植物油。

③灼皱其皮：将煮熟的蹄髈放在一只大漏勺当中，再置于油锅，走油至皮皱，这样可使蹄髈煨煮时易于酥烂，肥而不腻。

④红煨：用酱油或红糖煨肉，使肉色红亮。

⑤二枝香：烧两炷香时间，约两个小时。

⑥钱观察：见《海鲜单·燕窝三法》注。

【点评】

2009年去苏州周庄采风，承蒙当地朋友惠赠“万三蹄”一大箱，是已经煨熟的蹄髈，真空包装，通体红亮，即开即食，色香俱佳。带回家在微波炉里稍微热一下，吃起来更为鲜美。询其制法，大约是先煮后炸，再用糖、甜酒与清酱煨透，不出“猪蹄四法”之旧规定。

猪爪猪筋

专取猪爪，剔去大骨，用鸡肉汤清煨[1]之。筋味与爪相同，可以搭配，有好腿爪亦可搀入。

【注释】

①清煨：纯用高汤煨肉，不另加作料。

【点评】

猪蹄富含胶原蛋白，加上蹄筋，营养更加丰富，口感更加筋道。现代人做猪蹄，通常白煮到半熟，再剔骨、改刀、添汤、加料，做成冰糖猪蹄、糖醋猪蹄、酸汤猪蹄、红煨猪蹄……袁枚此法中不见白煮工序，直接用老汤煨熟，比较省工，但是这样未必能完全除净猪蹄的脏气。

猪肚[①]二法

将肚洗净，取极厚处，去上下皮[②]，单用中心，切骰子块，滚油炮炒，加作料起锅，以极脆为佳，此北人法也。南人白水加酒，煨两枝香，以极烂为度，蘸清盐[③]食之，亦可。或加鸡汤作料，煨烂熏切[④]，亦佳。

【注释】

①肚（dǔ）：胃。

②去上下皮：氽烫之后，刮掉猪肚的外皮。

③清盐：经过提纯的干净细盐。跟今天相比，古人制盐技术相对落后，成品盐并不纯净，通常含有泥沙、氯化镁、硫酸钠等多种杂质，讲究的富人买到食盐，尚须在家进一步提纯，得到清盐后，方可食用。

④熏切：先熏制，然后切着吃。

【点评】

本条叙述了南方人与北方人整治猪肚的不同方法：南方以猪肚炖汤，北方将猪肚爆炒；前者注重食疗功效，后者注重香脆口感。

元代食谱《易牙遗意》载有另一种做法：将莲子和糯米灌进猪肚，细线扎紧，煮熟后压扁，切片，拌以料汁。这道菜延续到今天，被命名为“糯米莲子酿猪肚”。

猪肺二法

洗肺最难，以冽尽[①]肺管血水，剔去包衣[②]为第一着。敲之扑[③]之，挂之倒之，抽管割膜[④]，工夫最细。用酒水滚一日一夜，肺缩小如一片白芙蓉[⑤]，浮于汤面，再加上作料，上口如泥[⑥]。汤西崖少宰[⑦]宴客，每碗四片，已用四肺矣。近人无此工夫，只得将肺拆碎，入鸡汤煨烂亦佳。得野鸡汤更妙，以清配清故也。用好火腿煨亦可。

【注释】

①冽尽：沥净。

②包衣：猪肺表面淡黄色的附着物。

③扑：拍打。

④抽管割膜：抽出肺管，剥离肺膜。

⑤芙蓉：荷花。

⑥上口如泥：软烂如泥，入口即化。

⑦汤西崖少宰：汤右曾，字西崖，袁枚同乡，康熙二十七年（1688）进士，官至吏部侍郎。少宰，明清时吏部侍郎的别称。

【点评】

中医认为猪肺有止咳补虚之奇效，但是如果不能将其中含藏的血污、纤维、灰尘等杂质清洗干净，则非但食用起来不美味，对健康恐怕也会有危害。

清洗之时，须找到肺管，抽出少许，从管侧小孔中插入漏斗，灌入清水，一边灌水一边拍打，使清水分布到肺泡的每一个地方。待猪肺膨胀到原来的三四倍大之后，再将其挂起来，挂上一整天，倒出水分，再灌入清水，反复清洗，直到猪肺洁白如玉，毫无异味为止。袁枚言简意赅：“敲之扑之，挂之倒之。”如此八字，道尽辛苦。

猪腰

腰片炒枯则木[①]，炒嫩则令人生疑，不如煨烂，蘸椒盐食之为佳，或加作料亦可。只宜手摘，不宜刀切[②]，但须一日工夫，才得如泥耳。此物只宜独用，断不可搀入别菜中，最能夺味而惹腥。煨三刻则老，煨一日则嫩[③]。

【注释】

①炒枯则木：炒得太老了就会像木头一样。

②“只宜”二句：将整只腰子煨熟以后，适合用手撕着吃，不要用刀切。

③“煨三刻”二句：腰子刚受热时，肉质紧缩，变得坚硬，仿佛火候太老所致；待煨到一整天，腰子酥烂无比，仿佛肉质很嫩的样子。

【点评】

腰子分为两种，一为内腰，即肾脏；一为外腰，即睾丸。内腰适合切片煨煮，外腰适合切花刀爆炒，或者做成烧烤亦可。但无论爆炒还是烧烤，腰子对火候的要求都极其严格，差一刻则腥臊不去，多一刻则马上变柴，故此袁枚建议以煨煮为上。

猪里肉[①]

猪里肉精而且嫩，人多不食。尝在扬州谢蕴山太守[②]席上食而甘之，云以里肉切片，用纤粉团成小把，入虾汤中，加香蕈、紫菜清煨，一熟便起[③]。

【注释】

①里肉：里脊。

②谢蕴山太守：谢启昆，字良璧，号蕴山，江西人，乾隆二十六年（1761）中状元，曾任扬州知府。袁枚比谢启昆大二十岁，曾应邀为其小妾肖像题诗。

③一熟便起：刚熟就出锅。

【点评】

现在里脊是肉中精品，售价远高于其他部位，正是因为此处肉质极嫩，脂肪极少，假如不考虑寄生虫的话，甚至可以拌料生吃。但是前人对肉的选择跟我们很不一样，从有文字可考的商周时代算起，一直到上世纪六十年代，几千年间，肥肉的地位一直都高过瘦肉，哪块肉膘厚，哪块肉就受欢迎。里脊根本没有膘，所以“人多不食”。

《礼记·少仪》有云：“冬右腴，夏右鳍。”客人登门，用鱼招待，将煮熟的鱼端给客人时，鱼的朝向颇有讲究。冬天鱼腹较肥，应该把鱼腹对准客人；夏天鱼背较肥，应该把鱼脊对着客人。您瞧，待客的宗旨就是最肥的部分奉献出去。《儒林外史》第十八回，胡三公子上街买鸭，“恐怕鸭子不肥，挖下耳挖戳戳，脯子上肉厚，方才叫景兰江讲价钱买了”。现在我们去全聚德总店吃烤鸭，鸭子一个赛一个苗条，因为我们害怕摄入太多脂肪，肥鸭没主顾。但以前的人则只拣肥鸭来买，瘦鸭才不受欢迎。

前人未必不讲究养生，但是在长达几千年的历史长河中，大多数老百姓连温饱都不能保证，遑论减肥。从口味上讲，肥肉比瘦肉更解馋。从热量上讲，吃一斤肥肉要比吃一斤瘦肉更耐饿。故此以前绝大多数人喜欢肥肉，并把餐桌上的肥肉当成好客的象征，当成过上好日子的象征。

白肉片

须自养之猪，宰后入锅，煮到八分熟，泡在汤中，一个时辰取起。将猪身上行动之处[1]薄片上桌，不冷不热，以温为度。此是北人擅长之菜，南人效之，终不能佳，且零星市脯[2]，亦难用也。寒士请客，宁用燕窝，不用白片肉[3]，以非多不可故也。割法须用小快刀片之，以肥瘦相参，横斜碎杂[4]为佳，与圣人"割不正不食[5]"一语截然相反。其猪身肉之名目甚多，满洲"跳神肉"[6]最妙。

【注释】

①行动之处：前腿、后腿、坐臀。

②零星市脯（fǔ）：零星买来的肉食。语出《论语·乡党》："沽酒市脯不食。"

③白片肉：白水煮的整猪。

④横斜碎杂：片肉时有横有斜，肉片零碎杂乱不整齐。

⑤割不正不食：肉切得不方正不吃，语出《论语·乡党》。

⑥跳神肉：满洲人春秋致祭，请女巫跳神，然后全家老小共食白煮肉，此即"跳神肉"。据传肥而不腻，软烂适口，但不加盐与其他作料。

【点评】

同样是猪肉，炒与煮截然不同。炒须小块，煮须大块，炒须配料，煮宜白煮。大口铁锅放入几十块肥猪肉，无需加料，咕嘟嘟焖煮，煮熟捞出，切片上桌，蘸着上好的酱油来吃，那滋味，那口感，绝对是小炒肉不能替代的。

《清代野记》载有满洲贵族用白煮肉待客的盛况："肉皆白煮，例不准加盐酱，甚嫩美。善片者能以小刀割如掌如纸之大片，兼肥瘦而有之。满人之量大者，人能至十斤也。是日主人初备猪十口不足，又于沙锅居取益之，大约又有十口。"大块大块的白煮肉端到桌上，用小刀片着吃，量大的一人能吃十斤。由于客人太多而且又太能吃，一顿饭下来十头猪都不够，主人竟然还要去馆子再买十头猪！

红煨肉三法

或用甜酱，或用秋油，或竟不用秋油、甜酱。每肉一斤，用盐三钱，纯酒煨之。亦有用水者，但须熬干水气。三种治法[①]皆红如琥珀，不可加糖炒色[②]。早起锅则黄，当可则红，过迟则红色变紫，而精肉转硬。常起锅盖则油走，而味都在油中矣。大抵割肉虽方，以烂到不见锋棱，上口[③]而精肉俱化为妙。全以火候为主，谚云："紧火粥，慢火肉[④]。"至哉言乎！

【注释】

①三种治法：指前述三种做红煨肉的方法：一用甜酱、秋油，二用纯酒，三用水。

②加糖炒色：用白糖、水和油熬成暗红的糖浆，泼到已熟的主料上再炒几下，使主料吸附糖浆，色泽红亮。

③上口：入口。

④紧火粥，慢火肉：快火熬粥，慢火煨肉。

【点评】

本条红煨肉做法非常靠谱，但"紧火粥，慢火肉"这一民谚并不科学。煮肉须慢火，没错，熬粥其实也需要慢火：先用猛火烧开，然后立即改成小火慢慢熬，这样才能将米粒煮透，才能改变淀粉的支链结构，才能让米与水充分交融，香甜可口。倘若一直紧火熬粥，粥会溢出大半，而且很澥，很难喝。

白煨肉

每肉一斤，用白水煮八分好，起出去汤[①]。用酒半斤，盐二钱半，煨一个时辰。用原汤一半加入，滚干汤腻[2]为度，再加葱、椒[3]、木耳、韭菜之类。火先武后文[4]。又一法：每肉一斤，用糖一钱、酒半斤、水一斤、清酱半茶杯，先放酒，滚肉一二十次，加茴香一钱，加水焖烂，亦佳。

【注释】

①起出去汤：将肉捞出来，汤汁盛出备用。

②滚干汤腻：原汤收干，白肉软腻。

③椒：花椒。

④火先武后文：先用大火，后用小火。

【点评】

白煨肉跟白煮肉不一样。所谓"白煨"，是指煨煮时肉不上色，不像红煨肉那样红彤彤的那么好看。本条介绍了两种方法，前一种无糖无酱，是正宗的白煨肉，但是后一种恐怕免不了会使肉变红。

油灼肉

用硬短勒[1]切方块，去筋襻[2]，酒酱郁过[3]，入滚油中炮炙之，使肥者不腻，精者肉松。将起锅时，加葱、蒜，微加醋喷之。

【注释】

①硬短勒：见《须知单·选用须知》注。

②筋襻（pàn）：肌腱上的韧带。

③酒酱郁过：用酒和酱油浸过。

【点评】

所谓油灼肉，实际上就是油炸肉块。油炸肉块的重点不是炸，而是腌。腌渍得法，肉块将充分吸入料酒与酱香，炸时不用挂浆，不会走油，外脆里嫩，味美多汁。起锅时再喷些醋，更能去腻。

干锅蒸肉

用小磁钵[①]，将肉切方块，加甜酒、秋油，装大钵内封口，放锅内，下用文火干蒸之。以两枝香为度，不用水。秋油与酒之多寡，相肉而行[②]，以盖满肉面为度。

【注释】

①磁钵：即小口大腹的瓷罐。

②相肉而行：根据肉的多少确定用量。

【点评】

把肉放入瓷罐，将瓷罐坐在锅底，干锅烧火，一碗水都不加，这种干锅蒸肉的方法有些奇葩，对瓷罐的要求肯定很高——假如瓷质不匀，受热必定不均，肉还没熟，盛肉的罐子就炸了。比较起来，现在的砂锅炖肉就容易多了。

盖碗装肉

放手炉[①]上，法与前同。

【注释】

①手炉：冬天暖手用的小铜炉。

【点评】

瞧，这个盖碗装肉不再放在锅里干蒸，直接放在火上加热，其实就是砂锅炖肉的前身。

磁坛[①]装肉

放砻糠[②]中慢煨，法与前同，总须[③]封口。

【注释】

①磁坛：即瓷坛。

②砻（lóng）糠：稻壳。

③总须：必须。

【点评】

地上挖一坑，坑里放一大堆稻壳，将稻壳点着，然后把装满猪肉的坛子埋进去，注意盖严实，别让稻灰飞入。稻壳慢慢燃烧，烟火升腾，热气隔着坛子透进去，慢慢将肉蒸熟。这种烹饪方式比石烹和盐焗还要独特，现在应该已经失传了。

脱沙肉①

去皮切碎，每一斤用鸡子②三个，青黄俱用③，调和拌肉。再斩碎，入秋油半酒杯，葱末拌匀，用网油④一张裹之。外再用菜油四两，煎两面，起出去油。用好酒一茶杯、清酱半酒杯，焖透，提起切片⑤，肉之面上，加韭菜、香蕈、笋丁。

【注释】

①脱沙肉：此菜须去肉皮（脱），然后剁成肉茸（沙），故名“脱沙”。

②鸡子：鸡蛋。

③青黄俱用：蛋清和蛋黄都要用。

④网油：猪网油，猪大肠外面包裹的一层肠系膜，展开如渔网状，通常用来卷裹肉丝或肉馅，油煎成网油卷。

⑤提起切片：将刚才煎好的网油卷切成小片。

【点评】

本条介绍了网油卷肉馅的做法。网油是猪大肠外面包裹的那层肠系膜，纵横交错，状如渔网，延展性很强，可以卷裹多种食材，然后或蒸或炸，做成各式各样的网油卷。

我国人们对网油的利用应该是全球第一。按《礼记》描述，周天子享用的八珍中有一道“肝膋”，就是用网油卷裹狗肝，在火上烤熟。本来烤狗肝很容易夹生，外面都焦了，里面还不熟，可是一旦裹上网油以后，就相当于不停地往肝上刷油，既能导热，又紧紧保护着狗肝，免得夹生。

宋朝盛行一类名为“签”的象形菜，也是用网油卷裹而成的。如《东京梦华录》与《梦粱录》中的鸡签、鸭签、羊头签、蝤蛑签、奶房签、羊舌签等等，分别是将鸡肉、鸭肉、羊头肉、螃蟹肉、羊乳房、羊舌等食材煮熟切丝，外卷网油，用蛋糊封口，炸到金黄，取出一切两段，做成两只小圆筒，状如寺庙里抽签的签筒。

晒干肉

切薄片精肉[①]，晒烈日中，以干为度，用陈大头菜[②]夹片干炒。

【注释】

①精肉：纯瘦肉。

②陈大头菜：往年腌制的芥菜根。

【点评】

纯瘦肉容易炒干，晒干后更加难炒。本条食谱独辟蹊径，将大头菜切成连刀片，再把瘦肉干夹进去爆炒。大头菜遇热出水，瘦肉干起死回生，同时大头菜的盐味和鲜味也随之渗入，如此荤素搭配，真是一举两得！

火腿煨肉

火腿切方块，冷水滚三次[①]，去汤沥干[②]。将肉切方块，冷水滚二次，去汤沥干。放清水煨，加酒四两，葱、椒、笋、香蕈。

【注释】

①冷水滚三次：凉水下锅煮三滚。

②去汤沥干：把水倒掉，将火腿上的水分控干。

【点评】

火腿是咸的，配鲜肉同煨，鲜肉也有了火腿味。

台鲞[1]煨肉

法与火腿煨肉同。鲞易烂，须先煨肉至八分，再加鲞，凉之则号“鲞冻”，绍兴人菜也。鲞不佳者，不必用。

【注释】

①台鲞：见《须知单·先天须知》注。

【点评】

台鲞者，浙江台州出产的咸鱼干是也，一般用黄鱼制成，在清代闻名全国，民国时还曾亮相上海世博会。台鲞煨肉，咸鲜合一，鲜香酥糯，油而不腻，别有一番风味。

粉蒸肉

用精肥参半[1]之肉，炒米粉[2]黄色，拌面酱[3]蒸之，下用白菜作垫，熟时不但肉美，菜亦美。以不见水，故味独全。江西人菜也。

【注释】

①精肥参半：半肥半瘦。

②米粉：这里指用大米磨成的粉末，并非条状的制成品。

③面酱：用面粉做的酱，亦可用馒头碎末制成，咸中带甜，酱香

浓郁。

【点评】

粉蒸肉是极其常见的江南菜，其中“荷叶粉蒸肉”在杭帮菜中闻名遐迩，但是袁枚却说粉蒸肉是江西菜，估计粉蒸肉在他那个时代尚未流传至杭州吧。

熏煨肉

先用秋油、酒将肉煨好，带汁，上木屑略熏之[①]，不可太久，使干湿参半，香嫩异常。吴小谷广文[②]家制之精极。

【注释】

①上木屑略熏之：用锯末、刨花或碎木头熏烤。

②吴小谷广文：吴玉墀（chí），字兰陵，号山谷，别号小谷，系袁枚同乡，于乾隆三十五年（1770）中举人，任太平教谕。广文，清朝文人对教官的雅称。

【点评】

熏肉须选对材料。常用材料有柏枝、红松、香樟叶、茶叶、稻壳等。香柏木与红松均有浓烈清香，其锯末、刨花、树枝都是熏肉的上好材料。广东人用甘蔗渣熏肉亦佳，有甜美的焦糖香。

芙蓉肉

精肉一斤，切片，清酱拖过[①]，风干一个时辰。用大虾肉[②]四十个，猪油二两，切骰子大，将虾肉放在猪肉上，一只虾，一块肉，敲扁，将滚水煮熟，撩起[③]。熬菜油半斤，将肉片放在有眼铜勺内，将滚油灌熟[④]。再用秋油半酒杯、酒一杯、鸡汤一茶杯，熬滚，浇肉片上，加蒸粉[5]、葱、椒，糁上[6]起锅。

【注释】

①清酱拖过：在酱油里蘸一下。

②虾肉：这里指虾仁。

③撩起：捞出。

④将滚油灌熟：将滚油反复淋在虾仁肉片上，直至虾仁和肉片均变白为止。

⑤蒸粉：蒸熟的淀粉。

⑥糁（shēn）上：撒到虾仁肉片上。

【点评】

这一道是象形菜，将肉片与虾圆拼成荷花状，故此得名“芙蓉肉”。

荔枝肉[1]

用肉切大骨牌片[2]，放白水煮二三十滚，撩起，熬菜油半斤，将肉放入炮透，撩起，用冷水一激，肉皱，撩起。放入锅内，用酒半斤，清酱一小杯，水半斤，煮烂。

【注释】

①荔枝肉：象形菜肴的一种，因卷曲如球，表皮多皱，状如荔枝壳而得名。

②大骨牌片：骨牌大小的肉片。骨牌，由骰子演变而来的游戏，牌呈长方形，比手掌略小，牌面刻有红黑凹点，点数从一到十二。

【点评】

南宋食谱《玉食批》中有一道“荔枝白腰子”，看名字似乎要用荔枝与腰花（宋人将猪肾称为“赤腰子”，将猪睾丸称为“白腰子”）同炒，实则完全不用荔枝，只需在腰花上切菱形花刀，然后爆炒至腰花卷曲，使之状如荔枝即可。

《随园食单》中这道“荔枝肉”与荔枝白腰子类似，也是因为成品菜的造型而得名。最令人称奇的是，袁枚笔下的荔枝肉并不依靠花刀，而是通过滚油反复淋洗的方式来呈现最终效果，独辟蹊径，值得学习。

八宝肉

用肉一斤，精肥各半，白煮二十滚，切柳叶片。小淡菜[①]二两、鹰爪[②]二两、香蕈一两、花海蜇二两、胡桃肉[③]四个去皮、笋片四两、好火腿二两、麻油一两，将肉入锅，秋油、酒煨至五分熟，再加余物，海蜇下在最后。

【注释】

①淡菜：见《海鲜单·淡菜》注。

②鹰爪：萌发不久、尚未开面、形如鹰爪的高档茶芽。《宣和北苑贡茶录》：“凡茶芽数品，上品者曰小芽，如雀舌、鹰爪，以其劲直纤挺，故号芽茶。”

③胡桃肉：核桃仁。

【点评】

这道菜须用淡菜、茶芽、香菇、海蜇、核桃、笋片、火腿等七样配料，加上主料刚好八样，故名“八宝”。

菜花头[①]煨肉

用台心菜嫩蕊微腌，晒干用之。

【注释】

①菜花头：将薹心菜的花蕊煮熟晒干，俗呼“菜花头”，见《小菜

单·台菜心》。

【点评】

薹芯菜是南方叫法，北方人称为“油菜”，春天开花，呈金黄色，花香浓郁，甜美异常，金灿灿的花海无边无际，令人陶醉，即油菜花是也。

油菜又分三种，分别是芥菜型油菜、白菜型油菜和甘蓝型油菜，其中甘蓝型油菜出油率最高，但菜薹粗涩，不宜食用，只有芥菜型油菜与白菜型油菜的菜薹才适合入馔。好在袁枚那个时代尚无甘蓝型油菜，所以只要见到油菜抽薹，就可以放心食用。

油菜抽薹大约三次，第一次抽薹称为“头薹”，脆嫩无丝，可以整根蒸食，也可以腌菜，还可以煮熟后再晒成干菜，即成“菜花头”。本条食谱中的菜花头并非先煮后晒，而是先腌后晒，制成品有咸味，煨肉时不用加盐。

炒肉丝

切细丝，去筋襻[①]、皮、骨，用清酱、酒，郁片时，用菜油熬起白烟变青烟后[②]，下肉炒匀，不停手，加蒸粉[③]、醋一滴、糖一撮、葱白、韭、蒜之类，只炒半斤，文火，不用水。又一法：用油炮后，用酱水加酒略煨，起锅红色，加韭菜尤香。

【注释】

①筋襻：见前《油灼肉》注。

②“菜油”句：菜籽油加热，初起白烟，后起青烟，待青烟初升时，最适合煎炒与软炸。

③蒸粉：见前《芙蓉肉》注。

【点评】

爆炒肉丝对油温要求很严，油温过低会变柴，油温过高会变焦，最合适的油温乃是“菜油熬起白烟变青烟后”，即菜籽油受热后从冒白烟到冒青烟的时候，此时油温在一百五十摄氏度左右，最适合爆炒与软炸。

需要注意的是，不同油脂的冒烟点是不同的。菜籽油与葵花籽油在一百零七摄氏度时即开始冒烟，玉米油和橄榄油的冒烟点要高一些，到一百六十摄氏度才会冒烟，而棉籽油的冒烟点则高达二百一十六摄氏度。所以我们烧菜的时候，一定要慎用冒烟点较高的油，以免因为油温过高破坏食材品相，并对人体健康造成潜在危害。

炒肉片

将肉精肥各半切成薄片，清酱拌之，入锅油炒，闻响①即加酱、水、葱、瓜、冬笋、韭芽②，起锅火要猛烈。

【注释】

①闻响：听到肉片在锅里发出噼噼啪啪的声响。

②韭芽：韭黄。

【点评】

肥瘦搭配，急火快炒，急火出锅，肉片浓香脆美有锅气。

八宝肉圆

猪肉精肥各半，斩成细酱，用松仁、香蕈、笋尖、荸荠、瓜姜之类斩成细酱，加纤粉，和捏成团①，放入盘中，加甜酒、秋油蒸之，入口松脆。家致华②云：“肉圆宜切不宜斩③。”必别有所见。

【注释】

①和捏成团：将剁细并拌匀的肉茸、料粉和芡粉捏成肉圆。

②家致华：我们袁家的致华。袁致华与袁枚同族，按辈分应喊袁枚叔

父，故袁枚称其“家致华”。

③肉圆宜切不宜斩：为了做出上佳的肉圆，制茸时应该细切，不应该猛剁。

【点评】

袁枚的族侄袁致华做过通判，跟其叔一样吃过见过，在美食上有独到见解。作为一个公务缠身的基层官吏，袁致华能认识到“肉圆宜切不宜斩”，说明他擅长观察并擅长总结。

打肉圆前需要制出肉茸，而制茸时为什么应该细切而不宜猛剁呢？因为剁的时候刀起刀落，肉里的水分流失过多，肉圆就不弹牙了。

空心肉圆

将肉捶碎，郁过，用冻猪油一小团作馅子，放在团内[1]蒸之，则油流去而团子空矣。此法镇江人最善。

【注释】

①放在团内：捏肉圆时将一小块冻猪油裹到里面。

【点评】

做这个空心肉圆最重要的是要有熟猪油，包在里边的猪油球遇热会融化，这样做好的肉圆就是空心的，有点儿像撒尿牛丸，吃起来非常有意思。但是有一点需要注意：咬的时候一定要小心，避免烫嘴。

锅烧肉

煮熟不去皮，放麻油灼过[1]，切块，加盐，或蘸清酱亦可。

【注释】

①放麻油灼过：用滚热的芝麻油淋一遍。

【点评】

煮熟不去皮，是为带皮肉，其好处是不走油。

酱肉

先微腌，用面酱酱之[①]，或单用秋油拌郁，风干。

【注释】

①用面酱酱之：用面酱拌匀腌渍。

【点评】

酱肉是将猪肉用甜面酱、酱油和香辛调味料腌制以后，再经自然风干而成的腌制类生肉制品，色泽美观，风味浓郁。

糟肉

先微腌，再加米糟[①]。

【注释】

①米糟：酿米酒时产生的酒糟。也可以专门制作：在摊凉的剩米饭中拌入甜曲，密封起来，放在温暖的地方发酵一两天即成。

【点评】

在现代电器的帮助下，糟肉可以迅速加工出来：先将猪肉带皮煮熟，捞出放凉，皮朝外码进盛有米糟的大缸之中，然后把缸移放在冰箱里，在缸的中央再放一个装有冰块的细长桶。这样里外两面同时降温，能使肉坯和米糟迅速冷却，结成一层均匀的胶冻。

暴腌肉[①]

微盐[②]擦揉，三日内即用。以上三味[③]，皆冬月菜也，春夏不宜。

【注释】

①暴腌肉：快速腌成的肉。暴，迅即。

②微盐：极少量的盐。

③以上三味：指酱肉、糟肉、暴腌肉。

【点评】

酱肉、糟肉、暴腌肉，以前确实都是冬菜，不适合在温暖和炎热的季节加工。但是现在科技发达，我们能创造出合适的温度和防菌环境，在任何时候都可以制作。

尹文端公[1]家风肉[2]

杀猪一口，斩成八块，每块炒盐四钱，细细揉擦，使之无微不到，然后高挂有风无日处。偶有虫蚀，以香油涂之。夏日取用，先放水中泡一宵再煮，水亦不可太少，以盖肉面为度。削片时用快刀横切，不可顺肉丝而斩也。此物惟尹府至精，常以进贡。今徐州风肉不及，亦不知何故。

【注释】

①尹文端公：见《江鲜单·鲟鱼》注。

②风肉：腌透后自然风干的肉，跟腊肉相比少了一道熏制程序。

【点评】

风干肉口感松脆，比腊肉少了一道熏制程序，所以防虫效果要差一些，只有在干燥寒冷的环境里才能制作。不过现在某些大型酒楼里有专门建造的风干房，把肉腌一天，放入调料再腌一天，放入风干房内即可，无需考虑虫蛀问题。

家乡肉

杭州家乡肉，好丑不同，有上、中、下三等。大概淡而能鲜，精肉可横咬[①]者为上品，放久即是好火腿。

【注释】

①精肉可横咬：瘦肉横着咬可以咬得动。所谓横着咬，是指咬的方向垂直于肉的纹路，直接将肉丝咬断。

【点评】

家乡肉是腌肉的一种，始于杭州，因袁枚为杭州人，故称其为“家乡肉”，与今日江西菜馆中用辣椒和笋片炒制的家乡肉完全不同。

笋煨火肉[①]

冬笋切方块，火肉切方块，同煨。火腿撤去盐水[②]两遍，再入冰糖煨烂。席武山别驾[③]云：凡火肉煮好后，若留作次日吃者，须留原汤，待次日将火肉投入汤中滚热才好。若干放离汤，则风燥而肉枯，用白水则又味淡。

【注释】

①火肉：火腿。

②火腿撤去盐水：火腿甚咸，煨前须用清水煮，使一些盐分稀释出来。

③席武山别驾：江宁通判，号武山，名字及生平不详。

【点评】

煮火腿留原汤，一顿吃不完，仍然放回原汤内存放，则火腿不干，肉味常鲜。

烧小猪[1]

小猪一个，六七斤重者，钳毛去秽[2]，叉上炭火炙之。要四面齐到，以深黄色为度。皮上慢慢以奶酥油[3]涂之，屡涂屡炙。食时酥为上，脆次之，硬斯下矣。旗人有单用酒、秋油蒸者，亦惟吾家龙文弟[4]颇得其法。

【注释】

①烧小猪：烤乳猪。

②钳毛去秽：褪净猪毛，除净内脏。

③奶酥油：奶油。按《齐民要术》记载，中国人至少从南北朝时就已经掌握了从牛奶中提取奶油的工艺。

④吾家龙文弟：袁枚的同族兄弟袁龙文，名字及生平不详。

【点评】

烤乳猪刷奶油，与烤羊肉时刷羊油的道理是一样的，都是为了让肉块受热均匀，防止走油和夹生。

据《大仲马美食词典》一书记载，古希腊与古罗马人均擅长烤猪肉，但在烤制时并不涂抹奶油或者别的油脂，而是将葡萄酒喷在肉皮上。这样做也许能收获红酒的奇妙芳香，但其成本未免太高了一些。

烧猪肉[1]

凡烧猪肉，须耐性[2]。先炙里面肉[3]，使油膏走入皮内，则皮松脆而味不走。若先炙皮，则肉中之油尽落火上，皮既焦硬，味亦不佳。烧小猪亦然。

【注释】

①烧猪肉：烤猪肉。

②耐性：耐得住性子。

③先炙里面肉：先烤没皮的那一面。

【点评】

前条食谱写的是烤乳猪，本条则写的是烤猪肉，即烤制成年猪的肉。烤时带皮，先烤没皮的那一面，使纹理紧缩，锁住水分。但是必须注意：刚开始火力要小一些，肉块离火要远一些，否则一样会走油。

排骨

取勒条排骨[①]精肥各半者，抽去当中直骨，以葱代之[②]，炙用醋、酱频频刷上，不可太枯。

【注释】

①勒条排骨：肋排。

②以葱代之：将肋排中的直骨抽出来，把大葱塞进去。

【点评】

抽出肋排里的直骨，再塞进一棵大葱，然后边烤边刷料。众所周知，大葱是可以提鲜增香的。

罗簑肉

以作鸡松[①]法作之，存盖面之皮[②]，将皮下精肉斩成碎团，加作料烹熟。聂厨[③]能之。

【注释】

①鸡松：无骨卤鸡，见《羽族单·鸡松》。

②盖面之皮：肉皮。

③聂厨：据下文，应是广东肇庆的一位聂姓名厨。

【点评】

罗簑肉如何做，单看本条食谱是看不明白的，联系后文《羽族单》中的《鸡松》一则，方能搞清其详细步骤：带皮猪肉一大块，分离皮肉，肉皮要保持完整，不可切开，单将猪肉切丁，拌料腌渍，滚油灼过，铺到碗里，再将肉皮蒙在上面，上笼蒸熟即可。

“罗簑”应为广府方言，不解何义。

端州三种肉

一罗簑肉；一锅烧白肉，不加作料，以芝麻盐拌之；切片煨好，以清酱拌之。三种俱宜于家常，端州聂、李二厨所作，特令杨二①学之。

【注释】

①杨二：袁枚的家厨，姓杨，行二，名字失考。杨二去世后，袁枚曾写诗悼念：“护世城中失好厨，郁单天子召雍巫。”将其比作先秦名厨易牙——诗中“雍巫”即易牙的别名。

【点评】

罗簑肉、清酱肉、锅烧白肉，同属肇庆特色菜。按《袁枚年谱新编》，袁枚一生当中仅在六十九岁那年去过肇庆一次，彼时堂弟袁树正任肇庆市长（端州知府），对袁枚盛情款待，袁枚在肇庆府衙一直住到第二年开春才回去。照常理推测，烹治端州三种肉的“聂、李二厨”应该是袁树雇佣的家厨。

杨公圆

杨明府①作肉圆，大如茶杯，细腻绝伦，汤尤鲜洁，入口如酥。大概去筋去节②，斩之极细，肥瘦各半，用纤合匀。

【注释】

①杨明府：即杨兰坡明府，见《戒单·戒停顿》注。

②去筋去节：去掉肉筋和关节。

【点评】

“杨明府”在本书中反复出现，他是广东高要县令，系袁枚暮年漫游广东时结识，前文鳝羹、燕窝、杨公圆，后文焦鸡、卤鸭、南瓜肉拌蟹，大约六七种被袁枚津津乐道的美食，均出自他的家厨之手。

黄芽菜[1]煨火腿

用好火腿，削下外皮，去油存肉[2]，先用鸡汤将皮煨酥，再将肉煨酥。放黄芽菜心，连根切段，约二寸许长，加蜜、酒酿及水，连煨半日。上口甘鲜，肉菜俱化，而菜根及菜心丝毫不散，汤亦美极。朝天宫[3]道士法也。

【注释】

①黄芽菜：温室栽培的包心白菜，长而圆，比常见大白菜略小。

②去油存肉：将火腿表面的油去掉，只留火腿肉。

③朝天宫：南京著名道观，位于水西门附近，现为江浙一带建筑等级最高、面积最大、保存最完整的古建筑群。

【点评】

寺观中多出美食，僧道中多出高手，南京朝天宫的道士能将黄芽菜煨火腿打造到一流水平，不足为奇。北宋时开封相国寺惠明和尚发明了“烧猪肉”，清代扬州天宁寺文思和尚发明了“文思豆腐”，近代日本禅僧发明了“怀石料理”，林语堂在小说《京华烟云》中借木兰之口为北京西山寺庙里的素斋点过赞，汪曾祺在《咸菜和文化》一文中也说：“我的家乡，腌咸菜腌得最好的是尼姑庵。”时至今日，有心的日本主妇仍然会定期去寺院自办的精进料理培训班中学习烹调。本书后文中还会提到南京承恩寺里“愈陈愈佳”的大头菜、南京南门外报恩寺的软香糕，以及一位姓侯的尼姑刀工精绝，能将萝卜切成连绵不断的蝴蝶片……

蜜火腿

取好火腿，连皮切大方块，用蜜酒[①]煨极烂，最佳。但火腿好丑高低判若天渊，虽出金华、兰溪、义乌三处，而有名无实者多，其不佳者反不如腌肉矣。惟杭州忠清里[②]王三房，四钱[③]一斤者佳。余在尹文端公苏州公馆吃过一次，其香隔户便至[④]，甘鲜异常。此后不能再遇此尤物矣。

【注释】

①蜜酒：见《江鲜单·鲥鱼》注。

②忠清里：明清时地名，在今杭州市下城区新华路。

③四钱：这里指四钱银子。

④隔户便至：隔着门就能闻到。

【点评】

蜜酒煨火腿，香气隔着门就能闻到，咸香中还蕴含着鲜味和甜味，着实令人垂涎三尺。

杂牲[1]单

牛、羊、鹿三牲，非南人家常时有之物[2]，然制法不可不知，作《杂牲单》。

【注释】

①杂牲：除猪以外的其他牲畜。

②“非南人”句：不是南方人家里经常有的东西。

【点评】

过去江南农家普遍养猪，故此猪肉占据大宗，而牛羊肉与走兽之肉则相对短缺，这是历朝历代都有的现象，不独清代为然。

牛肉

买牛肉法，先下各铺定钱[1]，凑取腿筋夹肉处[2]，不精不肥。然后带回家中，剔去皮膜，用三分酒、二分水清煨极烂，再加秋油收汤。此太牢[3]独味孤行者也，不可加别物配搭。

【注释】

①先下各铺定钱：先到各个牛肉铺里交定金。

②腿筋夹肉处：小腿上肌肉发达的部位，俗称“腱子肉”，皮膜包裹，内藏筋络，硬度适中，纹路规则，不肥不腻，最适合做酱牛肉。

③太牢：对牛肉的雅称。

【点评】

过去冷冻保鲜技术落后，牛肉都是现杀现卖，各家肉铺都不会一次进很多货，以免当天卖不完，所以要想买到足够数量的腱子肉，必须提前预定，而且还要去好几家肉铺预定。

牛舌

牛舌最佳，去皮①、撕膜②、切片，入肉中同煨。亦有冬腌风干者，隔年食之，极似好火腿。

【注释】

①去皮：牛舌外有一层发白的老皮，先用滚水烫，后用冷水浸，可以去掉。

②撕膜：去掉老皮后，牛舌上还剩一些角质膜，可以撕掉或刮掉。

【点评】

牛舌是什么味道？没有尝过。或许它很好吃，但是不知道为什么总觉得怪怪的。

《百喻经》里有一则与牛舌有关的故事：一群牛贩子在沙漠里迷了路，弹尽粮绝，饥饿难忍，于是将牛舌割了烤着吃。吃饱后，他们用柳树枝刮舌头（古印度有用柳枝剔牙刮舌以保证口腔卫生的风俗），结果所有人的舌头都血淋淋地掉落下来。

每次想起这个故事，舌根都隐隐作痛。

羊头

羊头，毛要去净，如去不净，用火烧之。洗净，切开，煮烂，去骨，其口内老皮①俱要去净。将眼睛切成二块，去黑皮，眼珠不用，切成碎丁。取老肥母鸡汤煮之，加香蕈、笋丁、甜酒四两、秋油一杯。如吃辣，用小胡椒十二颗、葱花十二段；如吃酸，用好米醋一杯。

【注释】

①口内老皮：羊舌上的老皮。

【点评】

元代生活手册《居家必用事类全集》收录羊头方若干，大抵皆抄袭宋人食谱：一为“蒸羊头”，羊头白煮，剔肉切片，再拌上作料蒸一遍；一为“煮羊头”，用胡椒、荜茇（bá）、干姜、葱白、豆豉等作料将羊头煨熟；一为“白羊头”，系白煮羊头蘸酱醋食之。

跟随园羊头方比起来，上述三方相对粗陋，既不提如何将羊头治净，也没有“老肥母鸡汤”搭配，应该没有随园羊头好吃。

羊蹄

煨羊蹄，照煨猪蹄法[①]，分红、白二色。大抵用清酱者红，用盐者白[②]。山药丁同煨。

【注释】

①煨猪蹄法：见《特牲单·猪蹄四法》。

②“用清酱”二句：用清酱去煨，羊蹄呈红色；用盐水去煨，羊蹄呈白色。

【点评】

红煨羊蹄是南方菜，白煨羊蹄是北方菜，前者甜美，后者咸香，风味各有千秋。但是若论品相，还是以红煨为佳。

羊羹[①]

取熟羊肉斩小块，如骰子大，鸡汤煨，加笋丁、香蕈丁、山药丁同煨。

【注释】

①羊羹：羊肉汤。

【点评】

羊肉汤馆在陕西、山西、河南、甘肃等地随处可见。炖汤时通常选用羊肋排，羊肉与羊杂则另锅煮熟，切片撒入汤内。汤汁浓白如牛奶，羊肉鲜香有嚼头，膻味中微有甜味。袁枚笔下的羊肉汤则与北方完全不同，系用羊肉与鸡汤同炖，膻味是没有了，不过羊本身特有的鲜香也被鸡汤掩盖住了。

羊肚羹

将羊肚洗净，煮烂切丝，用本汤[①]煨之，加胡椒、醋俱可。北人炒法，南人不能如其脆。钱屿沙方伯[②]家锅烧羊肉极佳，将求其法[③]。

【注释】

①本汤：煮羊肚的原汤。

②钱屿沙方伯：即《海鲜单·海参三法》与《特牲单·猪蹄四法》中提到的钱观察，名琦，字相人，号屿沙，系袁枚同乡兼挚友。方伯，明清时人对布政使的敬称，职权近似于今日之省长，因钱琦曾任福建布政使，故有此称呼。

③将求其法：准备请教其制作方法。

【点评】

羊肚煮熟切丝，加入胡椒，炖成羊肚汤，这是既简单又古老的传统做法。《窦娥冤》中蔡婆婆要喝羊肚汤，窦娥做出来端上，张驴儿一尝，说：“这里面少些盐醋，你去取来。”窦娥去取调料，边取边唱道：“你说少盐欠醋无滋味，加料添椒才脆美。”说明她炖羊肚汤时应该没有放什么作料，炖好以后才撒盐浇醋放胡椒。

红煨羊肉

与红煨猪肉同[①]，加刺眼核桃[②]，放入去膻，亦古法也。

【注释】

①红煨猪肉：见《特牲单·红煨肉三法》。

②刺眼核桃：在核桃上钻几个小孔，然后放进羊肉锅里，让核桃吸除腥膻之味。

【点评】

羊肉去膻方法有多种，如油炸、飞水、烧烤，或与白芷、桂皮、丁香等作料同炖，均可除腥去膻，但是跟用“刺眼核桃”去膻比起来，其他所有办法都显得毫无创意。

查考古籍，在核桃上钻孔以吸附肉类异味的方法最早见于宋朝人编写的生活小册子《物类相感志》，原文是这么写的：“煮臭肉，每斛半，用胡桃二十个，壳上钻孔令多，即同煮肉，熟则臭味不见矣。”平均每十五斗已经发臭的肉，需要使用二十个核桃，在核桃上密密麻麻钻很多孔，放到锅里与肉同煮，可以消除肉的臭味。

炒羊肉丝

与炒猪肉丝[①]同，可以用纤，愈细愈佳[②]，葱丝拌之。

【注释】

①炒猪肉丝：见《特牲单·炒肉丝》。

②愈细愈佳：芡粉越细越好，如此打出的芡水可以精确锁住羊肉丝的油脂和水分，避免走油，使之鲜嫩爽口。

【点评】

炒肉丝时是否挂芡，要看肉丝的肥瘦程度而定。肥猪肉不怕走油，无需用芡。如果是精瘦的羊肉丝，炒前最好用浓稠适中的芡糊细细拌匀，否则会越炒越柴。

烧羊肉[①]

羊肉切大块，重五七斤者，铁叉火上烧之。味果甘脆，宜惹宋仁宗夜半之思也[②]。

【注释】

①烧羊肉：烤羊肉。

②“宜惹”句：难怪惹得宋仁宗半夜里都想吃烤羊肉。

【点评】

“宜惹宋仁宗夜半之思”这句是有典故的，典出《宋史·仁宗本纪》：“仁宗恭俭仁恕……宫中夜饥，思膳烧羊，戒勿宣索，恐膳夫自此戕贼物命，以备不时之须。”宋仁宗夜里想吃烤羊肉，却并不传唤御厨去做，因为他担心御厨为了应付不时之需，从此每天晚上都要烤一只羊。

全羊

全羊法[①]有七十二种，可吃者不过十八九种而已。此屠龙之技[②]，家厨难学，一盘一碗虽全是羊肉，而味各不同才好。

【注释】

①全羊法：料理整只羊的所有方法，并非烤全羊。

②屠龙之技：杀龙的技艺，喻指一个行业中的最高水平。

【点评】

本条食谱名为“全羊”，实则是对前面羊蹄、羊头、羊肚汤、羊肉汤、炒羊肉丝等的总结。袁枚说“全羊法有七十二种”，意思是一只羊可以做出七十二道不重样的菜。掰指头算一算，这话并不夸张，因为羊的全身都是宝，除了羊肉可烤可煮可炒可炖之外，羊头、羊皮、羊尾、羊蹄、羊肚、羊鞭、羊血、羊肠均可入馔，光是羊杂就可以做出几十道菜了。

鹿肉

鹿肉不可轻得[①]，得而制之，其嫩鲜在獐[②]肉之上。烧食可，煨食亦可。

【注释】

①轻得：轻易得到。

②獐：形如鹿，无角，现为濒危动物。

【点评】

袁枚说鹿肉比獐肉还好吃，不知确否，反正这两样肉都难以碰到。现在鹿和獐在我国都是保护动物，不能捕杀，即便是在没有《动物保护法》的古代，鹿肉和獐肉也不是那么容易就能尝到的。

鹿肉味美而又难得，所以给奸商造假提供了机会。嘉庆时浙江海宁诗人查揆作《燕台口号一百首》，其中一首写道：“骡马牵连入市沽，倩他经纪较锱铢。可怜长尾刀刀剪，指鹿论钱得价无。”刻画了北京奸商将死骡子死马剪去尾巴，冒充鹿肉售卖的场景。再往前追溯，南宋文人周密《癸辛杂识》续集《死马杀人》有载：“今所卖鹿脯多用死马肉为之，不可不知。”临安夜市上卖的所谓鹿肉干，几乎全是死马肉冒充的。

鹿筋二法

鹿筋[1]难烂，须三日前先捶煮之，绞出臊水[2]数遍，加肉汁汤煨之，再用鸡汁汤煨。加秋油、酒、微纤[3]收汤，不搀他物，便成白色，用盘盛之。如兼用火腿、冬笋、香蕈同煨，便成红色，不收汤，以碗盛之。白色者加花椒细末。

【注释】

①鹿筋：梅花鹿或马鹿的腿筋。传统中医学认为有补肾壮阳及疗治风湿之功效。

②臊水：煮鹿筋时产生的腥水。

③微纤：少量芡粉。

【点评】

鹿肉难得，鹿筋就更加难得了。袁枚在这里介绍了鹿筋的两种做法，一种用猪肉汤和鸡肉汤煨熟，一种用猪肉汤、鸡肉汤再加火腿、冬笋、香菇煨熟。如此煨煮，最后吃到的其实不是鹿筋的味道，而是肉汤、火腿与香菇的味道。

獐肉

制獐肉与制牛、鹿同，可以作脯，不如鹿肉之活[1]，而细腻过之。

【注释】

①不如鹿肉之活：没有鹿肉松软。

【点评】

鹿肉、獐肉、牛肉，均可做脯，也就是肉干。三种肉干相比较，牛肉纤维最粗，也最筋道；獐肉纤维最细，但不筋道；鹿肉介于两者之间。

果子狸[①]

果子狸，鲜者难得。其腌干者，用蜜酒酿[②]蒸熟，快刀切片上桌。先用米泔水[③]泡一日，去尽盐秽[④]，较火腿沉嫩而肥。

【注释】

①果子狸：灵猫科动物，又名“花面狸”，体形如猫而长，四肢较短，肉质软糯。现有人工养殖。

②蜜酒酿：见《江鲜单·刀鱼二法》注。

③米泔水：淘米水。淘过米的水含有少量碱，有分离油垢的功能。

④盐秽：盐分和秽物。

【点评】

多年前闹“非典”，果子狸被认为是传播 SARS 病毒的元凶，后来发现 SARS 病毒的天然宿主是一种蝙蝠而不是果子狸。虽说沉冤得雪，但是无论从安全角度考虑还是从生态角度考虑，咱们人类还是不吃它为妙。这不，2014 年 12 月台湾已经发现一例感染并携带狂犬病毒的果子狸。

假牛乳

用鸡蛋清拌蜜酒酿，打掇入化[①]，上锅蒸之。以嫩腻为主，火候迟便老，蛋清太多亦老。

【注释】

①打掇（duō）入化：不停地搅拌，使蛋清和酒酿融为一体。

【点评】

在蛋清中加入甜酒酿，然后微微加热，就能得到一碗浓稠白腻如牛奶的创意美食。袁枚当然不懂当中的科学道理，不过我们懂：蛋清是一种理想的胶液，可以作为表面活性剂使用。与甜酒酿均匀混合，再往一个方向持续搅拌，蛋清中微量的油脂大分子会与酒酿中的水分、糖分和少量酒精相结合，并将非常细密的气泡包裹进去，最后形成像起泡牛奶一样的美妙液体。

鹿尾

尹文端公品味，以鹿尾为第一，然南方人不能常得从北京来者①，又苦不鲜新。余尝得极大者，用菜叶包而蒸之，味果不同。其最佳处，在尾上一道浆②耳。

【注释】

①“南方人”句：南方人不能经常得到从北京运来的鹿尾。鹿多产于关外和塞北，故此南方鲜见此味。

②尾上一道浆：鹿尾上端的皮下脂肪，因光滑如器物之包浆而得名。

【点评】

尹文端公即满清大臣尹继善，他是满洲人，所以爱满洲菜，烧鹿尾正是满洲宴席上最拿得出手的名贵菜肴。

鹿尾制作非常复杂，先将割下的带毛鹿尾泡在水里，漂净血水，除去根部残肉，剪去毛茸及外面老皮，再用海浮石搓光，用线穿挂于通风处阴干，可寄数千里而不坏。袁枚得到的那一只鹿尾，其实就是从关外寄来的干鹿尾。

羽族[1]单

鸡功[2]最巨，诸菜赖之[3]，如善人积阴德而人不知，故令领羽族之首，而以他禽附之，作《羽族单》。

【注释】

①羽族：禽类。

②鸡功：鸡的功劳。

③诸菜赖之：很多菜都要靠鸡汤来提鲜增味。

【点评】

所有家禽当中，鸡的功劳当然最大。公鸡可报晓，母鸡能下蛋，鸡肉比较细嫩，也没有鸭肉和鹅肉那么腥。故此袁枚将鸡排在前面，介绍完了鸡与鸡蛋，然后才是鸭、鹅、鸽子、麻雀等禽类。

白片鸡

肥鸡白片，自是太羹[1]、玄酒[2]之味，尤宜于下乡村、入旅店、烹饪不及之时，最为省便。煮时不可多。

【注释】

①太羹：不放任何作料的清汤。

②玄酒：不含酒精的清水。

【点评】

白片鸡是江南菜，北方人通常会觉得它的味道过于寡淡。其实只要鸡好，只要不是用激素催肥的肉鸡，而是正宗散养的走地鸡，那么还是以白片为佳，否则就没有机会品尝鸡肉本有的清甜滋味。

鸡松

肥鸡一只，用两腿，去筋骨，剁碎，不可伤皮①。用鸡蛋清、粉纤②、松子肉，同剁成块。如腿不敷用，添脯子肉，切成方块。用香油灼黄，起放钵头③内，加百花酒④半斤、秋油一大杯、鸡油一铁勺，加冬笋、香蕈、姜、葱等，将所余鸡骨皮盖面，加水一大碗，下蒸笼蒸透，临吃去之。

【注释】

①不可伤皮：剁鸡腿的时候不要把鸡皮撕掉。

②粉纤（qiàn）：通常指红薯淀粉。

③钵头：陶制盛器，通常用黏土烧造，内外涂有粗釉，上有提梁，可盛汤，亦可炖肉。

④百花酒：用糯米、麦曲以及多种野花酿造的黄酒。

【点评】

鸡腿剔骨，去皮备用，剁成肉松，拌料挂浆，滚油浇熟后铺到陶钵里，撒上作料，再将鸡皮蒙在上面，大火蒸透。鸡皮在这里可以起到密封和保护作用，避免高热的水蒸气直接喷射在鸡肉上面，保证鸡肉软嫩弹牙。当鸡肉蒸透之时，生鸡皮也已入味并熟透。

生炮①鸡

小雏鸡斩小方块，秋油、酒拌，临吃时拿起，放滚油内灼之，起锅又灼，连灼三回②，盛起，用醋、酒、粉纤、葱花喷之。

【注释】

①生炮：不氽不煮不飞水，直接放到滚油里炸熟。

②连灼三回：连炸三遍。

【点评】

鸡块炸三遍，鸡骨都酥了，吃时不用去骨。

鸡粥

肥母鸡一只，用刀将两脯肉[①]去皮，细刮（或用刨刀[②]亦可，只可刮刨，不可斩，斩之便不腻矣[③]），再用余鸡[④]熬汤下之。吃时加细米粉、火腿屑、松子肉，共敲碎放汤内。起锅时放葱姜，浇鸡油，或去渣[⑤]，或存渣滓，俱可，宜于老人。大概斩碎者去渣，刮刨者不去渣。

【注释】

①两脯肉：两块鸡胸。

②刨（bào）刀：铁制炊具，形似锉刀而有孔，可迅速将块茎类食材搓刮成碎丁。

③斩之便不腻矣：用刀剁的话，鸡胸肉就走油了。

④余鸡：鸡胸以外的部位。

⑤渣：鸡汤里的碎骨。“渣滓”亦同。

【点评】

刨刀本为木工用具，在跻身炊具行列之后，通常只用来料理块茎类蔬菜，如萝卜、莲藕、茄子、土豆之类，袁枚用它来刮肉炖汤，颇具创意。

想起一位干木工的朋友切火腿，在崩坏两把新买的菜刀以后，突然想出一个最有效率的主意：左手按牢火腿，右手操作电锯，一两分钟就把火腿解开了。还有一位家庭主妇赶在梅雨天腌菜，为了尽快挤出水分，将一堆湿漉漉的芥菜按进了老式洗衣机的甩干桶……看似不靠谱的做法，实际上都是值得赞赏的创意。

焦鸡

肥母鸡洗净，整下锅煮，用猪油四两、茴香四个，煮成八分熟，再拿香油灼黄，还下原汤①熬浓，用秋油、酒、整葱收起②。临上片碎③，并将原卤浇之，或拌蘸亦可。此杨中丞④家法也。方辅兄⑤家亦好。

【注释】

①还下原汤：再放回到原来的肉汤里。

②收起：收汁，将肉汤熬到快要干的地步。

③临上片碎：临到装盘上桌的时候切成碎片。

④杨中丞：见《海鲜单·鳆鱼》注。

⑤方辅兄：方辅，字密庵，徽州人，擅长书法，系袁枚好友，曾寓居扬州，与书画家金农亦有交往。

【点评】

焦鸡者，脆皮鸡是也。整鸡下锅煮到八分熟，用大笊篱捞起，用滚油反复浇漓，鸡皮自然会发红发脆。

捶鸡

将整鸡捶碎，秋油、酒煮之。南京高南昌太守①家制之最精。

【注释】

①高南昌太守：指江宁知府高泮，江西南昌人。

【点评】

拔毛，去脏，里外洗净，不剔骨，不改刀，整只捶碎，连骨带肉煮熟，这种方法相当粗犷，但也许是防止钙质流失的最好方式吧？

想起豫东民间某赤脚医生为人治疗骨折，总是将整鸡拔毛去脏后放进石臼里捣烂，拌上自己配的药粉，糊到病人患处，外用纱布紧紧包裹，据说疗效甚佳。不知道这里面有什么科学道理。

炒鸡片

用鸡脯肉去皮，斩成薄片，用豆粉[①]、麻油、秋油拌之，纤粉调之，鸡蛋清拌，临下锅，加酱、瓜、姜、葱花末。须用极旺之火炒，一盘不过四两，火气才透[②]。

【注释】

①豆粉：用黄豆磨成的淀粉。

②火气才透：才能将鸡片炒透。

【点评】

为了防止鸡片在爆炒过程中变柴，不仅撒上豆粉，还裹上芡粉；不仅裹芡粉，还拌上蛋清。豆粉、芡粉、蛋清，分别都是锁住食材水分的常用武器。现在三样武器统统用上，鸡片绝对外酥里嫩，软糯适口。

蒸小鸡

用小嫩鸡雏，整放盘中[①]，上加秋油、甜酒、香蕈、笋尖，饭锅上蒸之[②]。

【注释】

①整放盘中：整只放到盘子里，不改刀。

②饭锅上蒸之：在蒸米饭的锅篦上蒸熟。

【点评】

雏鸡出壳未久，蹒跚学步，毛茸茸的甚是可爱，实在不应该拿来食用。如果特别想吃雏鸡的话，最好选择那种出壳前就夭折的，俗称“毛蛋”，口感比小鸡更嫩，且不伤生灵。

按孵化时间来分，毛蛋分为两种。一种是孵期超过二十天的，需要去壳取出，拔净细毛，斩去头爪，然后方可烹煮，否则气味难闻，口感粗劣；另一种是孵期不到二十天的，无需去壳，更不用拔毛，直接放进锅里，像煮茶叶蛋一样加料烹煮即可。

酱鸡

生鸡一只，用清酱浸一昼夜而风干之。此三冬菜[①]也。

【注释】

①三冬菜：只适合在冬天加工的菜。三冬，即孟冬（十月）、仲冬（十一月）、季冬（腊月）。

【点评】

相声贯口《报菜名》：“蒸羊羔、蒸熊掌、蒸鹿尾，烧花鸭、烧雏鸡、烧子鹅，卤猪、卤鸭，酱鸡、腊肉，松花、小肚儿……”酱鸡跟腊肉放一块儿说，因为两样都是在冬天腌制的风干肉。

鸡丁

取鸡脯子[①]，切骰子小块，入滚油炮炒之，用秋油、酒收起，加荸荠丁、笋丁、香蕈丁拌之，汤[②]以黑色为佳。

【注释】

①鸡脯子：鸡胸肉。

②汤：没有收净的汤汁。

【点评】

鸡胸肉切细丁，滚油爆炒，与香菇片一起煨至发黑，正是今天米线店里最常见的卤料：香菇鸡丁。

鸡圆

斩鸡脯子肉为圆，如酒杯大，鲜嫩如虾团。扬州臧八太爷制之最精，法用猪油、萝卜、纤粉揉成，不可放馅。

【点评】

猪肉圆里可以裹猪油，制成空心肉圆。牛肉圆里可以裹虾冻，制成撒尿牛丸。为啥鸡肉圆里不能裹点儿什么东西呢？其实也是可以裹的，只不过扬州臧八太爷做的这道鸡圆已经拌入了猪油、萝卜和芡粉，没必要再裹馅儿。

口蘑煨鸡

口蘑菇[①]四两，开水泡去砂[②]，用冷水漂，牙刷擦，再用清水漂四次，用菜油二两炮透，加酒喷。将鸡斩块，放锅内，滚去沫，下甜酒、清酱，煨八分功程[③]。下蘑菇，再煨二分功程，加笋、葱、椒起锅。不用水，加冰糖三钱。

【注释】

①口蘑菇：产自内蒙古与河北，并由张家口分销全国的干蘑菇，与今双孢口蘑不同。

②砂：干蘑菇上附着的沙粒。

③功程：本义是工作量，这里指时间。

【点评】

口蘑煨鸡是金庸武侠小说《射雕英雄传》里男主角郭靖最喜欢吃的一道菜，见《射雕英龙传》第三十二回《神龙摆尾》：“两人进店坐下，店伴送上酒饭，竟是上好的花雕和精细面点，菜肴也是十分雅致，更有一碗郭靖最爱吃的口蘑煨鸡，两人吃得甚是畅快。”

梨炒鸡

取雏鸡胸肉切片，先用猪油三两熬熟，炒三四次[①]，加麻油一瓢，纤粉、盐花、姜汁、花椒末各一茶匙，再加雪梨薄片，香蕈小块，炒三四次起锅，盛五寸盘[②]。

【注释】

①炒三四次：炒三四下。

②五寸盘：五寸口径的菜盘。

【点评】

雪梨炒鸡片是家常菜，以前在家总给孩子做。鸡脯切片，加盐、料酒、生抽，用芡粉和蛋清抓匀，爆炒至鸡片变色，倒入切好的雪梨片再翻炒几下，出锅前稍微加些高汤，大火收汁，出锅装盘。

如果按袁枚描述的方法去做，这道菜会偏于油腻，因为鸡片“先用猪油三两熬熟”，然后再拌上芡粉、食盐、姜汁、花椒末，还要再加“麻油一瓢”，与雪梨片、香菇丁同炒。

假野鸡卷

将脯子斩碎，用鸡子一个，调清酱郁之，将网油[①]划碎[②]，分包小包[③]，油里炮透，再加清酱、酒作料，香蕈、木耳起锅，加糖一撮。

【注释】

①网油：见《特牲单·脱沙肉》注。

②划碎：用刀把网油划成方形小块。

③分包小包：将鸡胸肉茸平摊到网油上，分别卷成小卷。

【点评】

家鸡味道跟野鸡自然不一样，怎样才能将家鸡做出野鸡那种浓郁的清香和鲜脆的口感呢？秘诀就在于清酱、鸡蛋、香菇、料酒、木耳与网油的使用。清酱与香菇等物提供清香，鸡蛋让鸡茸更为软嫩，网油则能锁住水分，并将散碎的鸡茸定型成块。入油炸透，加料出锅，鸡脯肉摇身一变，就成了更加美味的野鸡块。

黄芽菜[①]炒鸡

将鸡切块，起油锅，生炒透，酒滚二三十次，加秋油后滚二三十次，下水滚。将菜切块，俟鸡有七分熟，将菜下锅。再滚三分，加糖、葱、大料。其菜要另滚熟搀用[②]，每一只用油四两。

【注释】

①黄芽菜：温室栽培的包心白菜。

②其菜要另滚熟搀用：菜要单独焯熟，然后与鸡搭配。

【点评】

炒鸡块浓香中略带油腻，黄芽菜清鲜中微有水气，将黄芽菜与炒鸡块同煮，鸡汤的浓郁赶走了白菜的水气，白菜的清鲜中和了鸡汤的油腻。

栗子炒鸡

鸡斩块，用菜油二两炮，加酒一饭碗、秋油一小杯、水一饭碗，煨七分熟。先将栗子煮熟，同笋下之[①]，再煨三分起锅，下糖一撮。

【注释】

①同笋下之：将熟栗子与笋一起下到鸡汤里。

【点评】

竹笋提鲜，板栗去腻，用板栗和竹笋煨鸡块，红、绿、白三色搭配，鸡味更加鲜美，品相也更为诱人。不过栗子难熟，所以要先煮熟再下锅。

灼八块①

嫩鸡一只，斩八块，滚油炮透②，去油，加清酱一杯、酒半斤，煨熟便起。不用水，用武火。

【注释】

①灼八块：今称为“炸八块”。

②滚油炮透：用滚油炸透。

【点评】

古称“灼八块”，今称“炸八块”。这道菜属于豫菜，相传系乾隆巡视河道时，由开封厨师创制而成。

珍珠团

熟鸡脯子，切黄豆大块，清酱、酒拌匀，用干面滚满，入锅炒。炒用素油。

【点评】

鸡块切丁，本来有棱有角，并不滚圆，滚上面粉以后，就能炸成珍珠团了。

另有一法：鸡块切茸，加食盐、清酱、蛋清、白胡椒粉拌匀，搅拌上劲，手心蘸水，团成小球，然后入清汤汆熟，色白如玉，软糯有弹性，更像珍珠。

黄芪[1]蒸鸡治瘵[2]

取童鸡[3]未曾生蛋者杀之，不见水，取出肚脏，塞黄芪一两，架箸放锅内[4]蒸之，四面封口，熟时取出。卤浓而鲜，可疗弱症[5]。

【注释】

①黄芪（qí）：一种中草药，据说可补元气，有良好的防病保健作用。

②瘵（zhài）：痨病，今指肺结核。

③童鸡：未曾下过蛋的小母鸡。

④架箸放锅内：在锅里横竖交叉架起几根筷子。

⑤弱症：中医称阴虚不足为弱症。常见症状为咳嗽、吐血、虚弱无力，男子遗精、女子月经不调。

【点评】

童鸡通常指未曾交配过的小公鸡，而这里却指未曾下过蛋的小母鸡。在古代中医心目中，尚未发生性行为的动物具有神奇疗效，如明末药典《本草汇解》认为童子鸡可以治疗中风。其实无论小公鸡还是小母鸡，只是比成年鸡的肉质更加细嫩一些，并无药用价值。

不过按现代药理研究与临床检验，黄芪这种中药富含苷类与多糖，可以扩张冠状血管与增强有机体免疫力，将黄芪塞入小母鸡腹内蒸熟，对治疗肺结核应该有一定效果。但是小母鸡在这里可有可无，起作用的是黄芪，跟鸡无关。

卤鸡

囫囵鸡一只，肚内塞葱三十条、茴香二钱，用酒一斤、秋油一小杯半，先滚一枝香，加水一斤、脂油[1]二两，一齐同煨。待鸡熟，取出脂油。水要用熟水[2]，收浓卤一饭碗才取起[3]。或拆碎，或薄刀片之，仍以原卤拌食。

【注释】

①脂油：动物油，此处指猪油。

②熟水：白开水。

③“收浓卤”句：直到汤汁熬得只剩一碗的时候才能停火出锅。

【点评】

卤鸡包括卤鸡块和卤全鸡，本条食谱讲的是卤全鸡。卤全鸡又有两种方法，一是将作料塞进鸡腹，一是将料包放进卤锅，这里用的是第一种方法，有利于保持整鸡形态。

河南开封有一种传统卤鸡，名曰“烧鸡”，它跟卤全鸡相比有三大特色：一、宰杀时从颈肩处与两腿中间分别开口，掏出内脏，然后用鸡翅、鸡腿和鸡肘将整鸡撑起，造型更立体；二、鸡腹内不放作料，料包放在卤锅里；三、鸡身涂抹糖稀，也就是麦芽糖，成品红亮，甜美不腻，比起袁枚所说往汤汁里放猪油这种方法来，色味更美妙，摄入的油脂也更少。

蒋鸡

童子鸡[1]一只，用盐四钱、酱油一匙、老酒半茶杯、姜三大片，放砂锅内，隔水蒸烂，去骨，不用水。蒋御史[2]家法也。

【注释】

①童子鸡：未曾交配过的小公鸡。

②蒋御史：蒋和宁，江苏常州人，乾隆十七年（1752）进士，官至湖广道监察御史。

【点评】

蒋和宁蒋御史家的砂锅鸡其实就是脱骨鸡，只有肉，没有骨头。怎样给鸡脱骨呢？先褪毛去脏，然后从两腿中间偏后部位下刀，捅入，剪开，取出坐骨；再将肋骨压扁，掰开，抽出肋骨；再将鸡腿折断，斩去鸡爪，剔出腿骨。剩下鸡翅骨难以取出，直接折断，一根翅穿入鸡嘴，一根翅翻别向上，刚好能撑起软趴趴的鸡身。脱骨大功告成！漂洗干净，放进砂锅，加入作料，上锅蒸熟，一道香喷喷的“蒋鸡”横空出世。

唐鸡

鸡一只，或二斤，或三斤。如用二斤者，用酒一饭碗、水三饭碗；用三斤者，酌添[①]。先将鸡切块，用菜油二两，候滚熟，爆鸡要透。先用酒滚一二十滚，再下水约二三百滚，用秋油一酒杯，起锅时加白糖一钱。唐静涵[②]家法也。

【注释】

①酌添：根据情况适量添加。

②唐静涵：苏州富商，袁枚好友。《小仓山房诗集》卷二五有《留别苏州主人唐静涵》：“君家久住竟忘家，儿女同声唤阿爷。”可知袁枚曾长期在唐家居住。

【点评】

“唐鸡”者，苏州富户唐静涵家做的鸡块是也，其烹饪要点用四个字可以概括：先炸后煨。

《随园诗话》记载，唐静涵的小妾王氏既美丽又贤惠，厨艺高超。袁枚每次去苏州，都要在唐家下榻，而每当袁枚来到唐家的时候，王氏都会亲自下厨，做几道美味佳肴。据此推测，这道唐鸡应该不是主人唐氏的作品，而是小妾王氏的发明。

鸡肝

用酒、醋喷炒[①]，以嫩为贵。

【注释】

①喷炒：爆炒时将料酒喷入锅内，使雾滴状的酒精与主料快速融合，产生更为浓烈的芳香味。

【点评】

为了增香，往炒锅里加酒和醋是不错的选择：酒精与醋酸迅速受热，会产生一种名为乙酸乙酯的芳香类物质。

喷炒是基本上已经失传的传统厨艺：厨师将料酒含入口中，在合适的时机喷入炒锅。这种做法很不卫生，取而代之的科学方法是将塑料酒瓶的瓶盖上钻些细孔，拧紧之后，使劲挤压瓶身，同样可以实现喷炒。

鸡血

取鸡血为条[①]，加鸡汤、酱醋、索粉[②]作羹，宜于老人。

【注释】

①取鸡血为条：将鸡血凝固成块，切成长条。

②索粉：即粉丝。

【点评】

羊血、猪血、鸡血、鸭血，均可食用。其中羊血腥臊，最难调治；鸭血也有明显的腥味，只适合作为毛血旺和血浆鸭的配料；猪血细嫩无异味，在湖南邵阳颇受欢迎，一般被用来加工猪血丸子；鸡血也没有异味，且比猪血更加细嫩，加盐凝固，切块或切条，可炒菜，可煮汤，亦可做成血豆腐。

鸡丝

拆鸡为丝[①]，秋油、芥末、醋拌之。此杭菜也。加笋、芹俱可，用笋丝、秋油、酒炒之亦可。拌者用熟鸡，炒者用生鸡。

【注释】

①拆鸡为丝：将熟鸡撕成丝。

【点评】

杭帮菜中凉拌鸡丝鲜爽可口，一般选用鸡脯肉，煮熟，拔凉，用擀面杖轻轻敲打，让组织更加松散，然后撕成细丝，配以黄瓜丝、笋丝、荆芥、芥末、食醋、香油，黄、绿、白相间，鲜美不腻。

糟鸡

糟鸡与糟肉同[①]。

【注释】

①与糟肉同：见《特牲单·糟肉》。

【点评】

糟鸡需要加料煮熟，里外擦满甜酒糟，封缸贮存，半月即成。吃的时候再蒸一蒸，色泽红润，软糯糟香。

鸡肾

取鸡肾[①]三十个，煮微熟，去皮[②]，用鸡汤加作料煨之，鲜嫩绝伦。

【注释】

①鸡肾：鸡腰子。

②去皮：剥去鸡腰外面包裹的红色筋膜。

【点评】

鸡肾有两种，一种确乎为肾；另一种则是公鸡的睾丸，俗称鸡腰子。从做法中要求“去皮”可知，此处鸡肾并非鸡的肾部，实乃鸡腰子。鸡腰子呈扁圆形，形状如卵，鸽蛋大小，外有红色筋膜，煮熟后须剥离，否则腥臊难食。

鸡蛋

鸡蛋去壳放碗中，将竹箸打一千回[①]，蒸之绝嫩。凡蛋一煮而老，一千煮而反嫩[②]。加茶叶煮者，以两炷香为度，蛋一百用盐一两[③]，五十用盐五钱。加酱煨亦可，其他则或煎或炒俱可，斩碎黄雀蒸之亦佳。

【注释】

①打一千回：搅拌一千遍。

②“蛋一煮”二句：鸡蛋刚开始煮很容易老，煮得久了反而会变嫩。

③蛋一百用盐一两：一百个鸡蛋用一两盐。

【点评】

“蛋一煮而老，一千煮而反嫩。”这种说法其实是很不科学的。第一，鸡蛋并非越煮越嫩，而是越煮越老，已经煮熟的鸡蛋继续再煮，会渐渐变得发黄发硬。第二，倘若煮蛋时间过长，蛋黄中的亚铁离子与蛋白中的硫离子会合成硫化亚铁，气味难闻，对健康也有害。

野鸡五法

野鸡披[①]胸肉，清酱郁过，以网油包放铁奁[②]上烧之，作方片[③]

可，作卷子[④]亦可，此一法也；切片加作料炒，一法也；取胸肉作丁，一法也；当家鸡整煨[⑤]，一法也；先用油灼，拆丝加酒、秋油、醋，同芹菜冷拌，一法也；生片其肉，入火锅中，登时便吃，亦一法也，其弊在肉嫩则味不入，味入则肉又老[⑥]。

【注释】

①拔：撕开。

②铁奁：铁盒。

③方片：肉饼。

④卷子：网油卷。

⑤当家鸡整煨：将野鸡当成家鸡那样整只来煨。

⑥“其弊”二句：是说生鸡片涮火锅的弊端，涮的时间短了不入味，涮久了又变柴。

【点评】

同一野鸡，吃法有五种：一能做成野鸡网油卷，二能做成炒野鸡，三可以像家鸡那样整只卤制，四可以做凉拌野鸡丝，五可以用野鸡片涮火锅。

除此之外，其实还有一种更为简便也更能保全营养成分的吃法：野鸡炖汤。野鸡本味甚佳，无需焯水，拔毛去脏后直接炖煮。为了防止本味被香料掩盖，锅里少放作料，加少量食盐与八角就可以了。

赤炖肉鸡[①]

赤炖肉鸡，洗切净，每一斤用好酒十二两、盐二钱五分、冰糖四钱，研[②]，酌加桂皮，同入砂锅中，文炭火[③]煨之。倘酒将干，鸡肉尚未烂，每斤酌加清开水一茶杯。

【注释】

①赤炖肉鸡：红煨鸡块。赤炖，把肉炖成红色。

②研：研磨，指将冰糖研磨成粉末。

③文炭火：很小的炭火。

【点评】

红煨鸡块通常都需要酱油、酒糟或红糖，这样才能给鸡块上色，可是这道菜的配料中既没有酱油，也没有酒糟，只有冰糖若干，怎可称为“红煨”或“赤炖”呢？个中秘诀在于“好酒十二两”，也就是上等黄酒大半斤（过去十六两为一斤）。黄酒可去腥，可提鲜，也可以上色。

蘑菇煨鸡

鸡肉一斤、甜酒[①]一斤、盐三钱、冰糖四钱，蘑菇用新鲜不霉者，文火煨两枝线香[②]为度。不可用水，先煨鸡八分熟，再下蘑菇。

【注释】

①甜酒：发酵时间极短的糯米酒，俗称“甜酒酿”或“酒娘子”。

②两枝线香：两炷香时间。线香，条状的细香。

【点评】

前文已有口蘑煨鸡，这里又有蘑菇煨鸡，要说两道菜有什么不同，那就是蘑菇：前面口蘑煨鸡用的是干蘑菇，这里用的是鲜蘑菇。干蘑菇蛋白质含量高，但是维生素差不多完全流失，没有难闻的生蘑菇气，但是难以清洗；鲜蘑菇的营养成分更为全面，也容易清洗，但是那种怪异的生菇味儿却特别浓郁。煨鸡到底是用干蘑菇好呢，还是用鲜蘑菇好呢？只能视个人口味而定了。

鸽子

鸽子加好火腿同煨，甚佳。不用火腿亦可。

【点评】

乳鸽烤起来更好吃，成年鸽子炖汤更美味，炖汤时加入火腿，汤味更香。

鸽蛋

煨鸽蛋法与煨鸡肾同[①]。或煎食亦可，加微醋亦可。

【注释】

①与煨鸡肾同：见本章《鸡肾》。

【点评】

鸽蛋是高蛋白低脂肪的珍品，如要煨煮入味，则须在鸽蛋微熟后去皮，加料再炖。

野鸭

野鸭切厚片，秋油郁过，用两片雪梨夹住炮炒[①]之。苏州包道台[②]家制法最精，今失传矣。用蒸家鸭法蒸之亦可。

【注释】

①炮（bào）炒：即爆炒。

②苏州包道台：名字及生平未知。

【点评】

两片雪梨能夹住肉片吗？爆炒时不会散开吗？解决这一问题的方法就是切连刀片：雪梨去核，无需削皮，一刀两半，然后按住一半竖切，第一刀不切断，第二刀切断，第三刀不切断，第四刀切断……这样就能切出一批像小夹子一样的连刀片。将野鸭片塞到小夹子里面，塞紧，不用封口，即可爆炒之。

蒸鸭

生肥鸭去骨，内用糯米一酒杯、火腿丁、大头菜丁、香蕈、笋丁、秋油、酒、小磨麻油①、葱花，俱灌鸭肚内，外用鸡汤放盘中，隔水蒸透。此真定魏太守②家法也。

【注释】

①小磨麻油：用小磨加工的芝麻油。

②真定魏太守：真定，今河北正定。太守，知府别称。查《正定府志》，清代历任知府并无魏姓官员，未知魏太守实指何人。

【点评】

肥鸭去骨，步骤与整鸡脱骨相同。

鸭糊涂①

用肥鸭，白煮八分熟，冷定②去骨，拆成天然不方不圆之块③，下原汤内煨，加盐三钱、酒半斤、捶碎山药，同下锅作纤④。临煨烂时，再加姜末、香蕈、葱花。如要浓汤，加放粉纤⑤。以芋⑥代山药亦妙。

【注释】

①糊涂：方言，在饮食上指较为浓稠的粥。

②冷定：完全凉下来。

③天然不方不圆之块：形状不太规则的小块。

④作纤（qiàn）：作为勾芡用的芡糊。

⑤粉纤：见本章《鸡松》注。

⑥芋：芋头。

【点评】

所有肉食当中，鸭在清代宫廷膳食中使用最为频繁，如咸丰十一年十月初十慈禧的早餐是炉鸭炖白菜、羊肉炖豆腐、燕窝福字锅烧鸭子、燕窝寿字白鸭丝、燕窝万字红白鸭子、燕窝年字什锦攒丝、燕窝肥鸭丝、溜鲜虾、三鲜鸽蛋、烩鸭腰、挂炉鸭子、燕窝鸭条汤……十几道膳食，鸭占了大半，可见慈禧有多么爱吃鸭。但是慈禧的菜单里不包括"鸭糊涂"，或许是因为这道菜稀烂浓稠，品相不佳，上不了台面？

卤鸭

不用水，用酒煮鸭，去骨，加作料食之。高要令杨公[①]家法也。

【注释】

①高要令杨公：即杨国霖，号兰坡，见《戒单·戒停顿》注。

【点评】

用酒煮鸭，这里的酒可不是浓烈的白酒和浓郁的黄酒，而是甜酒酿。

鸭脯

用肥鸭，斩大方块，用酒半斤、秋油一杯，笋、香蕈、葱花闷[①]之，收卤[②]起锅。

【注释】

①闷：同"焖"。

②收卤：收净汤汁。

【点评】

此处鸭脯非鸭胸，而是卤到极干的鸭肉干。

烧鸭[1]

用雏鸭，上叉烧之。冯观察[2]家厨最精。

【注释】

①烧鸭：烤鸭。

②冯观察：即冯琦。

【点评】

烧鸭即烤鸭，但此处烤鸭又不是现在驰名中外的北京挂炉烤鸭，而是叉烧鸭。

挂卤鸭

塞葱鸭腹，盖闷而烧。水西门许店[1]最精，家中不能作。有黄黑二色，黄者更妙。

【注释】

①水西门许店：南京水西门外许家鸭店。

【点评】

挂卤鸭，疑为"挂炉鸭"之误。之所以"家中不能作"，应该是因为家里没有特制的烤炉。否则单是把大葱塞到鸭肚子里，盖上锅盖焖煮，谁家都能做，有什么难的呢？

干蒸鸭

杭州商人何星举家干蒸鸭：将肥鸭一只，洗净，斩八块，加甜酒、秋油，淹满鸭面[①]，放磁罐[②]中封好，置干锅中蒸之。用文炭火，不用水，临上时[③]，其精肉皆烂如泥。以线香二枝为度。

【注释】

①淹满鸭面：让甜酒酿淹没整只鸭子。

②磁罐：瓷罐。

③临上时：临上菜时。

【点评】

本条食谱与《特牲单·干锅蒸肉》相近。

野鸭团

细斩野鸭胸前肉，加猪油、微纤，调揉成团[①]，入鸡汤滚之，或用本鸭汤[②]亦佳。太兴孔亲家[③]制之甚精。

【注释】

①微纤，调揉成团：拌入少量芡粉，将鸭肉搓成肉丸。

②本鸭汤：煮鸭后剩下的原汤。

③孔亲家：孔继榦，字阴泗，号雩谷，山东人，官至松江知府，与袁枚、罗聘、程晋芳皆交好，其子娶袁枚之女，故袁枚称其亲家。《小仓山房尺牍》卷五有《与孔雩谷亲家》一则，即是袁枚写给孔继榦的信。

【点评】

野鸭脯剁茸，加猪油和芡粉拌匀，揉成肉圆，在鸡汤里汆熟，定然极为鲜香软糯。

徐鸭

顶大[①]鲜鸭一只，用百花酒[②]十二两、青盐[③]一两二钱、滚水一汤碗，冲化去渣沫，再兑冷水七饭碗、鲜姜四厚片（约重一两），同入大瓦盖钵[4]内，将皮纸[5]封固口，用大火笼[6]，烧透大炭吉[7]（约二文一个），外用套包[8]一个将火笼罩定，不可令其走气[9]。约早点时炖起，至晚方好，速则恐其不透，味便不佳矣。其炭吉烧透后，不宜更换瓦钵，亦不预先开看。鸭破开[10]时，将清水洗后，用洁净无浆布拭干入钵。

【注释】

①顶大：很大。

②百花酒：见本章《鸡松》注。

③青盐：矿盐。

④大瓦盖钵：陶制的有盖大砂锅。

⑤皮纸：桑皮纸。

⑥大火笼：大蒸笼。

⑦炭吉：带有吉祥图案的木炭。

⑧套包：用稻草、麻绳和布条编成的粗索。

⑨走气：水蒸气跑出来。

⑩破开：剥开。

【点评】

本条食谱详细介绍了“徐鸭”的做法，却忘了解释得名的由来。或许与后文《杂素菜单·王太守八宝豆腐》一样，都是出自康熙年间刑部尚书徐乾学府邸的名菜吧。不信看其做法，用百花酒做料酒，用带有吉祥图案的木炭做燃料，从早上炖到天黑，选料精细，工夫到家，富贵气扑面而来，除了高官显贵能享用这道菜，寻常人家哪有这等闲工夫呢？

煨麻雀

取麻雀五十只，以清酱、甜酒煨之，熟后去爪脚，单取雀胸头肉①，连放盘中，甘鲜异常。其他鸟鹊俱可类推，但鲜者一时难得。薛生白②常劝人勿食人间豢养之物，以野禽味鲜，且易消化。

【注释】

①胸头肉：胸脯肉。

②薛生白：薛雪，字生白，号一瓢，又号槐云道人，苏州人，能诗，善画，懂医学，与袁枚为忘年交。

【点评】

薛一瓢劝人多吃野味，少吃家禽。从味道和营养上讲，他的劝告是有一定道理的，因为野味当然优于家禽。但是咱们现代人绝对不能听信这个劝告——许多珍稀鸟类已经灭绝了，包括麻雀也在不断减少，我们怎能为了口腹之欲而捕杀它们呢？

煨鹌鹑黄雀

鹌鹑用六合①来者最佳，有现成制好者②。黄雀用苏州糟③，加蜜酒煨烂，下作料，与煨麻雀同。苏州沈观察④煨黄雀并骨如泥，不知作何制法，炒鱼片亦精，其厨馔之精，合吴门⑤推为第一。

【注释】

①六合：地名，在南京之北，邻接安徽。

②现成制好者：已经拔毛并去除内脏的净鹌鹑。

③苏州糟：苏州产的醪糟。

④苏州沈观察：名字及生平未知。

⑤合吴门：整个苏州。

【点评】

早在宋朝，鹌鹑与黄雀均为富家小菜。如曾敏行《独醒杂志》载，北宋权相蔡京家里有九十瓶“黄雀肫”，也就是腌好的黄雀珍（胃）；宋话本《简帖和尚》载，开封枣槊巷口有“鹌鹑馉饳”出售，即用鹌鹑肉做馅儿包的馄饨。那时节生态完好，鸟类的数量足够多，其中鹌鹑喜食谷物，甚至成为农民痛恨的窃贼，自然应该捕而食之。

云林鹅

《倪云林集》[1]中载《制鹅法》：整鹅一只，洗净后，用盐三钱擦其腹内，塞葱一帚[2]填实其中，外将蜜拌酒通身满涂之，锅中一大碗酒、一大碗水蒸之，用竹箸架之，不使鹅身近水。灶内用山茅二束，缓缓烧尽为度。俟[3]锅盖冷后揭开锅盖，将鹅翻身，仍将锅盖封好蒸之，再用茅柴一束烧尽为度。柴俟其自尽，不可挑拨。锅盖用绵纸糊封，逼燥裂缝，以水润之。起锅时，不但鹅烂如泥，汤亦鲜美。以此法制鸭，味美亦同。每茅柴一束，重一斤八两。擦盐时，串入[4]葱、椒末子，以酒和匀。《云林集》中载食品甚多，只此一法试之颇效，余俱附会。

【注释】

①《倪云林集》：元代画家倪瓒的随笔集。倪瓒，号云林，家境富裕，精于饮食，其著作多谈烹饪与养生之法。

②塞葱一帚（zhǒu）：塞葱一把。

③俟（sì）：等到。

④串入：掺入。

【点评】

倪云林出身富贵之家，自幼锦衣玉食，好洁成癖，在饮食上挑剔到了令人咋舌的地步：给他端饭的仆人必须事先洗过头，搓过澡，换过新衣服，然后才能送饭给他，否则他不吃。他家做饭不用井水，只用泉水，所以专门雇了一挑夫，天天去挑山泉。路很远，担子又重，他却不许挑夫换肩。泉水挑到家里，他只喝前面那一桶，后面的用来洗脚，因为担心后面那桶水有挑夫的屁味儿。

讲卫生是值得赞赏的，但好洁成癖绝非好习惯，所以袁枚对倪云林的为人及食谱并不苟同：《云林集》中食谱甚多，袁子才只取烧鹅一味而已。

烧鹅

杭州烧鹅为人所笑，以其生也①，不如家厨自烧为妙。

【注释】

①以其生也：因为它不熟的缘故。

【点评】

杭帮菜清素雅致，不亚西湖龙井，但烧鹅确实不是杭帮菜的长项。想吃烧鹅，还是去粤菜中探求。

水族有鳞单

鱼皆去鳞，惟鲥鱼不去。我道有鳞而鱼形始全[①]，作《水族有鳞单》。

【注释】

①我道有鳞而鱼形始全：我认为鱼必须有鳞，否则就不算真正的鱼。

【点评】

鲥鱼鳞片极其细嫩，故无需去鳞，但要说除鲥鱼外“鱼皆去鳞”，未免太绝对。干炸小鱼不用去鳞，在湖北俗称“白小”的干腌小鱼也不用去鳞。至于带鱼、鲶鱼、鳗鱼、泥鳅以及绝大多数的鲟鱼本来无鳞，何谈去鳞？按袁枚的观点，如果某种鱼类没有鳞，就不应该属于鱼类，这是他从审美角度得出的个人观点。

边鱼[①]

边鱼活者，加酒、秋油蒸之，玉色为度，一作呆白色[②]，则肉老而味变矣。并须盖好，不可受锅盖上之水气[③]，临起加香蕈、笋尖。或用酒煎亦佳，用酒不用水，号“假鲥鱼”。

【注释】

①边鱼：即鳊鱼，草食性淡水鱼类，头小尾大，鱼身菱形，肉质嫩滑，著名的武昌鱼就属于鳊鱼。

②呆白色：惨白无光泽。

③“不可受”句：不要让锅上升腾的水汽滴回锅内。

【点评】

鳊鱼的体型和口感都跟鲥鱼相似，所以能做成“假鲥鱼”。

鲫鱼

鲫鱼先要善买：择其扁身而带白色者，其肉嫩而松，熟后一提，肉即卸骨而下；黑脊浑身[①]者，崛强槎枒[②]，鱼中之喇子[③]也，断不可食。照边鱼蒸法最佳，其次煎吃亦妙，拆肉下可以作羹。通州[④]人能煨之，骨尾俱酥，号“麻鱼”，利小儿食[⑤]，然总不如蒸食之得真味也。六合龙池[⑥]出者，愈大愈嫩，亦奇。蒸时用酒不用水，稍稍用糖以起其鲜。以鱼之小大，酌情量秋油、酒之多寡。

【注释】

①黑脊浑身：脊背青黑，通体无白。

②崛（jué）强（jiàng）槎（chá）枒（yā）：坚硬而多刺。

③喇（lǎ）子：地痞流氓。

④通州：今江苏省南通市通州区，非北京通州。

⑤利小儿食：帮助小孩消化。

⑥龙池：位于今南京市六合新城区。

【点评】

鲫鱼味美而多刺，可清炖，可清蒸，可煎炸，可红烧，现在多是清炖，做成鲫鱼豆腐汤、鲫鱼红豆汤、鲫鱼苦瓜汤、鲫鱼木瓜汤，对产妇颇有助益。袁枚说蒸食最佳，炖羹其次，应当属于个人偏好。鲫鱼不大，炖汤时最好整条来炖，假如先蒸熟，然后再“拆肉”作羹，未免暴殄天物。

白鱼[①]

白鱼肉最细，用糟[②]鲥鱼同蒸之最佳。或冬日微腌，加酒酿糟二日，亦佳。余在江中得网起活者，用酒蒸食，美不可言。糟之最佳，不可太久，久则肉木[3]矣。

【注释】

①白鱼：肉食性淡水鱼类，脊背青灰，两侧银白，头背平直，鱼头上翘，俗称“翘嘴白鱼”。

②糟：一种常见的腌鱼方式，通常先用盐杀水，风干后切块，拌酒糟或甜酒酿，封藏两三个月即成。

③肉木：肉质变老，像木头一样。

【点评】

白鱼肉细，但鲜味与香味远逊于鲥鱼。

季鱼[1]

季鱼少骨，炒片最佳。炒者以片薄为贵，用秋油细郁后，用纤粉、蛋清搂之[2]，入油锅炒，加作料炒之。油用素油。

【注释】

①季鱼：见《须知单·选用须知》注。

②用纤粉、蛋清搂之：将芡粉和蛋清调成芡糊，均匀涂抹在鱼片之上。搂，同“溜”。

【点评】

只有刺少肉多的鱼类才适合像猪牛羊肉那样切片滑炒，如季鱼、鳇鱼、大青鱼，以及下文中的土步鱼，都是做炒鱼片的好材料。

土步鱼[1]

杭州以土步鱼为上品，而金陵[2]人贱之，目为[3]虎头蛇，可发一笑。肉最松嫩，煎之、煮之、蒸之俱可。加腌芥[4]作汤，作羹，尤鲜。

【注释】

①土步鱼：俗称“虎头鲨”，但并非鲨鱼，属于以虾为食的淡水鱼类，头大体滑，又名“塘鳢（lǐ）鱼”，系江南名菜。

②金陵：南京。

③目为：视为。

④腌芥：腌芥菜。

【点评】

土步鱼对水质要求太高，最近二三十年河流污染严重，土步鱼少得多了，所以价格昂贵，一斤要卖一两百元。2013年国庆节去无锡探亲，亲戚很阔气，在一家高档饭店里点了一道“雪菜豆瓣”，那“豆瓣”其实就用的是土步鱼两颊上状如蚕豆的两块肉，好吃得要命，当然也贵得要命。

鱼松

用青鱼、鲫鱼蒸熟，将肉拆下，放油锅中灼之黄色[1]，加盐花、葱、椒、瓜、姜，冬日封瓶中，可以一月[2]。

【注释】

①灼之黄色：炸成黄色。

【点评】

其实大部分鱼类都可以做鱼松，未必非要青鱼和鲫鱼。现在加工鱼松的基本工序是这样的：将鱼蒸熟，采肉去刺，压榨脱水，拌匀作料，入锅炒干，搓成毛绒状，最后密封保存。跟袁枚记载的工序相比，现代工序多了压榨脱水与揉搓整型，这样制成的鱼松更加美观，保质期更长。

比袁枚稍晚的清代美食家曾懿女士著有《中馈录》，该书亦载鱼松制法，比袁枚所写较为详细，抄录如下：

将鱼去鳞，除杂碎，洗净，用大盘放蒸笼内蒸熟。去头、尾、皮、骨、细刺，取净肉。先用小磨麻油炼熟，投以鱼肉炒之，再加盐及烧酒焙干，后加极细甜酱瓜丝、甜酱姜丝，和匀后，再分为数锅，文火揉炒成丝。火大则枯焦，成细末矣。

鱼圆

用白鱼、青鱼，活者破半[①]，钉板上，用刀刮下肉，留刺在板上。将肉斩化[②]，用豆粉、猪油拌，将手搅之。放微微[③]盐水，不用清酱，加葱、姜汁作团。成后，放滚水中煮熟，撩起，冷水养之[④]。临吃入鸡汤、紫菜滚。

【注释】

①破半：从头至尾纵剖两半。

②斩化：剁成肉茸。

③微微：极少量。

④冷水养之：放在凉水里泡着。

【点评】

由于要剔净鱼刺的缘故，鱼丸大概是所有肉丸当中最难加工的了。当然，身为现代人，我们可以从超市里购买现成的鱼丸，它用鱼肉和淀粉制成，形状规整，口感弹牙，就是含有香精、色素、防腐剂……

鱼片

取青鱼、季鱼片，秋油郁之，加纤粉、蛋清，起油锅炮炒，用小盘盛起，加葱、椒、瓜、姜。极多[1]不过六两，太多则火气不透。

【注释】

①极多：最多。

【点评】

鱼片易散，易黏锅，炒鱼片比炒鸡片的技术含量要高得多。袁枚在此透露两条秘诀：一、在鱼片上挂浆；二、一次炒的量要很少。

连鱼[1]豆腐

用大连鱼[2]煎熟，加豆腐，喷酱水[3]，葱、酒滚之，俟汤色半红起锅，其头味尤美[4]。此杭州菜也，用酱多少，须相鱼而行[5]。

【注释】

①连鱼：鲢鱼，又叫“白鲢”，与青鱼、草鱼、鳙鱼并称“四大家鱼”。

②大连鱼：大鲢鱼。

③酱水：酱油。

④头味尤美：鱼头尤其美味。

⑤相鱼而行：根据鱼的大小决定用多少酱。

【点评】

鲢鱼炖豆腐，豆腐吸收了鲢鱼的鲜味和酱油的香味，非常好吃。如果没有好酱油，可用豆豉或豆瓣酱代替。

醋搂鱼[1]

用活青鱼切大块，油灼之，加酱、醋、酒喷之，汤多为妙，俟熟即速起锅。此物杭州西湖上五柳居[2]有名，而今则酱臭而鱼败矣。

甚矣！宋嫂鱼羹徒存虚名，《梦粱录》[3]不足信也。鱼不可大，大则味不入；不可小，小则刺多。

【注释】

①醋搂鱼：醋熘鱼。据文中描述，当为西湖醋鱼之别名。搂，同“溜”。

②五柳居：清朝前期杭州西湖最著名的饭庄，以烹制“五柳醋鱼”得名。

③《梦粱录》：描述南宋杭州繁华景象的著作，系南宋遗老吴自牧撰写。

【点评】

据说西湖醋鱼的前身是宋嫂鱼，由两宋之交从北方流寓至杭州的女厨师宋五嫂发明。见南宋袁褧（jiǒng）父子《枫窗小牍》卷下：“若南迁湖上，鱼羹宋五嫂、羊肉李七儿、奶房王家、血肚羹宋小巴之类，皆当行不数者。宋五嫂，余家苍头嫂也，每过湖上时，进肆慰谈，亦它乡寒故也。”

银鱼

银鱼起水[1]时，名“冰鲜”，加鸡汤、火腿汤煨之。或炒食，甚嫩。干者泡软，用酱水炒亦妙。

【注释】

①起水：从水里捞出来。

【点评】

银鱼体型细长，半透明，肉质细嫩，光亮如银，又名“冰鱼”“玻璃鱼”。今多用于做“银鱼炒蛋”。

台鲞

台鲞好丑不一，出台州松门者为佳，肉软而鲜肥，生时拆之，便可当作小菜，不必煮食也。用鲜肉同煨，须肉烂时放鲞，否则鲞消化不见矣。冻之即为鲞冻[1]，绍兴人法也。

【注释】

①鲞冻：将咸鱼干加水熬煮，使胶原蛋白析出，放冷后会结晶成块，称为“鲞冻肉”，简称“鲞冻”。

【点评】

台州松门镇盛产咸鱼干，有“天下白鲞数台州，台州白鲞出松门”之说。

糟鲞

冬日用大鲤鱼腌而干之，入酒糟[1]，置坛中，封口，夏日食之。不可烧酒作泡[2]，用烧酒者，不无辣味[3]。

【注释】

①入酒糟：往干咸鱼中加入酒糟。

②不可烧酒作泡：不能用蒸馏酒浸泡。

③不无辣味：总会有些辣味。

【点评】

糟鲞也是咸鱼的一种，用酒糟腌制，糟香浓郁，没有普通咸鱼干那种臭味。

虾子勒鲞[1]

夏日选白净带子勒鲞[2]，放水中一日，泡去盐味，太阳晒干，入锅油煎，一面黄取起[3]。以一面未黄者铺上虾子，放盘中，加白糖蒸之，以一炷香为度。三伏日食之，绝妙。

【注释】

①勒鲞：用鳓（lè）鱼做的咸鱼干。勒，同“鳓”。

②白净带子勒鲞：洁白干净带鱼子的鳓鱼干。

③一面黄取起：煎到一面焦黄时出锅。

【点评】

鳓鱼是暖水近海鱼类，别名“鲙鱼”“白鳞鱼”“曹白鱼”，味鲜肉细，鱼肚子里还有一块特殊的“鱼白”，口感如鱼肝，鲜美超过鲥鱼，是其他鱼类所没有的。

鱼脯

活青鱼去头尾，斩小方块，盐腌透，风干，入锅油煎，加作料，收卤，再炒芝麻，滚拌[①]起锅。苏州法也。

【注释】

①滚拌：用锅铲将炒芝麻与青鱼干翻匀。

【点评】

小青鱼通常用来清蒸和炖汤，大青鱼可炸鱼块，或者片成薄片，涮火锅，做酸菜鱼。拿青鱼块与芝麻同炒，是很少见的做法，值得尝试。

家常煎鱼

家常煎鱼，须要耐性[①]。将鲆鱼洗净，切块，盐腌，压扁，入油中，两面煎黄，多加酒、秋油，文火慢慢滚之，然后收汤作卤，使作料之味全入鱼中。第此法[②]，指鱼之不活者而言，如活者，又以速起锅为妙。

【注释】

①耐性：耐心。

②第此法：评价这种方法。

【点评】

活鱼宰杀后，常温下一个小时以内食用，肉质紧致筋道，这就是“活鱼现吃”的优势。但是假如煨煮时间过长，鱼肉会变得松懈，所以活鱼现吃“以速起锅为妙”。

事实上，活鱼现吃并不符合营养学，因为此时鱼肉还呈弱酸性，鱼肉组织中的蛋白质还没有分解产生氨基酸，酸性肉质还会影响消化。最科学的方法是在宰杀后立即腌制，再放置两到五个小时才能食用。如果腌制后放入冰箱，则应存放一整天时间再取出烹制。

黄姑鱼

岳州①出小鱼，长二三寸，晒干寄来。加酒剥皮②，放饭锅上蒸而食之，味最鲜，号“黄姑鱼”。

【注释】

①岳州：地名，今为湖南岳阳。

②加酒剥皮：在酒里泡一下，再剥去鱼皮。

【点评】

黄姑鱼外形与小黄花鱼相近，但肉质较为疏松，不如黄花鱼嫩滑，价格也较便宜。

水族无鳞单

鱼无鳞者[1]，其腥加倍，须加意烹饪，以姜桂胜之[2]。作《水族无鳞单》。

【注释】

①鱼无鳞者：本义是没有鳞的鱼，但按本章所列各条目，实际上是指除鱼以外的其他水产品，如鳗、鳖、虾、各种贝类等。

②以姜桂胜之：用姜和桂皮等作料去除其腥味。

【点评】

鱼如无鳞，则体表必有黏液或黏膜，这是比鱼鳞还要腥的物质。在烹制无鳞鱼类时，既要除净黏液，又要多加可以除腥的作料。

汤鳗

鳗鱼最忌出骨，因此物性本腥重，不可过于摆布，失其天真，犹鲥鱼之不可去鳞也。清煨者，以河鳗一条，洗去滑涎[1]，斩寸为段，入磁罐中，用酒水煨烂，下秋油起锅，加冬腌新芥菜作汤，重用葱姜之类，以杀其腥。常熟顾比部[2]家，用纤粉、山药干煨，亦妙。或加作料，直置盘中蒸之，不用水。家致华分司[3]蒸鳗最佳，秋油、酒四六兑[4]，务使汤浮于本身[5]。起笼时尤要恰好，迟则皮皱味失。

【注释】

①滑涎：鳗鱼皮肤上的黏液。

②顾比部：指乾隆二十六年（1761）进士顾震，江苏常熟人，于乾隆二十八年（1763）分发刑部任主事。“比部”本为刑部之分支机构，负责核查百司经费，至明清时撤销，比部遂成为刑部的代称。

③家致华分司：指袁枚族侄袁致华，见《特牲单·八宝肉圆》注。袁致华曾任职于两淮盐运使淮南分司，故袁枚称其“家致华分司”。

④四六兑：按四六比例勾兑在一起。

⑤汤浮于本身：汤淹过鳗鱼。

【点评】

“鳗鱼最忌出骨”，此说不确。鳗鱼去腥是否成功，在于黏液是否除净，配料是否得当，跟剔骨与否是没有关系的。日式料理中有鳗鱼寿司、鳗鱼盖饭、蒲烧鳗鱼、铁板鳗鱼，其鳗鱼统统剔骨，并无腥味。

红煨鳗

鳗鱼用酒、水煨烂，加甜酱代秋油入锅，收汤煨干，加茴香大料起锅。有三病[1]宜戒者：一、皮有皱纹，皮便不酥；一、肉散碗中，箸夹不起；一、早下盐豉，入口不化。扬州朱分司[2]家制之最精。大抵红煨者以干为贵，使卤味收入鳗肉中。

【注释】

①三病：烹制鳗鱼时易犯的三种毛病。

②扬州朱分司：据嘉庆年间重修《扬州府志》卷三八《职官表》，应为两淮盐运使朱孝纯。

【点评】

扬州朱分司，即朱孝纯，字子颖，号思堂，汉军正红旗人，生于世家，其父朱伦瀚曾任粮储道，宦囊丰厚，至朱孝纯又任盐运使，在满清官场更是令人称羡的肥缺，所以有能力聘请最高水准的家厨制作最高水准的红煨鳗鱼。古谚云：“三代仕宦，方知穿衣吃饭。”信然。

炸鳗

择鳗鱼大者，去首尾，寸断之。先用麻油炸熟，取起。另将鲜蒿菜[①]嫩尖入锅中，仍用原油[②]炒透。即以鳗鱼平铺菜上，加作料，煨一炷香。蒿菜分量较鱼减半。

【注释】

①蒿菜：茼蒿。

②原油：炸过鳗鱼的油。

【点评】

鳗鱼肥腻，脂肪含量比普通海洋生物多得多，烹制时不但要去腥，还要去腻。前述红煨鳗鱼加茴香大料，即有去腻作用。这里用茼蒿铺底，将炸透的鳗鱼再煨一遍，同样可以消减油腻的口感。

生炒甲鱼

将甲鱼[①]去骨，用麻油炮炒之，加秋油一杯、鸡汁一杯。此真定魏太守[②]家法也。

【注释】

①甲鱼：通常指鳖，又名“团鱼”，形似乌龟，但背壳无纹而软，且壳边有肉裙。

②真定魏太守：见《羽族单·蒸鸭》注。

【点评】

真定魏太守不知何人，他家烧菜似乎特爱用麻油。本条生炒甲鱼是

“麻油炮炒之”，前文《羽族单·蒸鸭》也用“小磨麻油”灌入鸭腹。何谓麻油？芝麻油是也。芝麻是中国人最早栽培的油料作物，芝麻油是中国人最早食用的植物油。这种油当然是好东西，香味醇正绵长，含有人体必需的不饱和脂肪酸与氨基酸，居国产各种植物油之首。但是它太容易挥发了，稍微加热就迅速挥发，所以不适合炒菜，只适合给凉拌菜和羹汤调味。其实自从北宋时期煎炒烹炸在中国基本普及以后，炒菜和油炸所用的油就是以菜籽油为主的。芝麻油并不常用，一是贵，二是不耐热。

酱炒甲鱼

将甲鱼煮半熟，去骨，起油锅炮炒，加酱水、葱、椒[①]，收汤成卤，然后起锅。此杭州法也。

【注释】

①椒：花椒。

【点评】

甲鱼治净，斩成骨牌大小的长方块，可以直接带骨下锅滑炒，也可以先煮再炒。先煮再炒有两种好处：一、甲鱼煮熟后便于去骨；二、甲鱼本身的泥土气会在煮的过程中跑掉。

带骨甲鱼

要一个半斤重者，斩四块，加脂油三两，起油锅，煎两面黄。加水、秋油、酒煨，先武火，后文火。至八分熟，加蒜，起锅用葱、姜、糖。甲鱼宜小不宜大，俗号“童子脚鱼[①]”才嫩。

【注释】

①童子脚鱼：还没有长大的甲鱼。脚鱼，南京、杭州、长沙等地对甲

鱼的俗称。

【点评】

只要掏净内脏，烫净外膜，甲鱼完全可以带骨烹制，营养成分不会流失，宜于补充钙质。但清代中医王士雄有不同意见，他在《随息居饮食谱》中写道："鳖之阳聚于甲上，久嗜令人患发背。"甲鱼的阳气聚集在背甲之上，多吃带骨甲鱼，人会从背部发病。这种理论近乎巫术，是只有思辨精神而无实证意义的蒙昧医学。

青盐甲鱼

斩四块，起油锅炮透，每甲鱼一斤，用酒四两、大茴香三钱、盐一钱半，煨至半好，下脂油二两，切小豆块再煨，加蒜头、笋尖，起时用葱、椒，或用秋油则不用盐[①]。此苏州唐静涵[②]家法。甲鱼大则老，小则腥，须买其中样者。

【注释】

①或用秋油则不用盐：如果放了酱油就不用再放盐了。

②苏州唐静涵：见《羽族单·唐鸡》注。

【点评】

本条名为"青盐甲鱼"，煨甲鱼时用的盐或许是青盐。按：青盐属于矿物盐，除含氯化钠外，还含有氯化钾、氯化镁、氯化钙、硫酸镁、硫酸钙等诸多成分，味道微苦，不宜食用。在《红楼梦》里，青盐是贾府公子小姐们清理口腔和保护牙齿用的，如贾宝玉、林黛玉、史湘云等人常常"拿青盐擦了牙"，然后再漱口。

汤煨甲鱼

将甲鱼白煮，去骨拆碎，用鸡汤、秋油、酒煨汤二碗，收至一碗，起锅，用葱、椒、姜末糁之[1]。吴竹屿[2]制之最佳。微用纤，才得汤腻[3]。

【注释】

①糁（shēn）之：碾碎以后放进去。糁，碎末。

②吴竹屿：吴泰来，字企晋，号竹屿，苏州人，乾隆二十五年（1760）进士，与袁枚、钱大昕、程晋芳等交好。

③才得汤腻：才能让汤汁变稠。

【点评】

甲鱼通常整只炖煮，最多去掉背甲，而袁枚尝耳闻目睹的甲鱼似乎大多不是整只，如本条汤煨甲鱼要“去骨拆碎”，前文青盐甲鱼和带骨甲鱼要“斩四块”。后文还有一道全壳甲鱼，名为全壳，实际上已经剁去头尾，去掉背甲，鳖肉与鳖裙也已分开，只不过装盘的时候才把肉、裙拼好，盖上背甲，装出一副完整的样子来。

全壳甲鱼

山东杨参将[1]家制甲鱼，去首尾，取肉及裙[2]，加作料煨好，仍以原壳覆之。每宴客，一客之前以小盘献一甲鱼，见者悚然，犹虑其动[3]。惜未传其法。

【注释】

①山东杨参将：未知其人名字及生平。参将，明清时中高级军官，位在总兵之下。

②裙：甲鱼的裙边。

③犹虑其动：还以为甲鱼还是活的，害怕它动起来。

【点评】

将鳖肉、鳖裙拼在一起，再把背甲盖上，这道菜其实不稀奇，“未传其法”其实并不可惜——现在普通酒楼里的红烧甲鱼装盘时不都能摆出一副完整甲鱼的样子来吗?

鳝丝羹

鳝鱼煮半熟，划丝[①]去骨，加酒、秋油煨之，微用纤粉，用真金菜[②]、冬瓜、长葱[③]为羹。南京厨者辄制鳝为炭[④]，殊不可解。

【注释】

①划丝：顺着纹理把鳝鱼划开。

②真金菜：即金针菜。

③长葱：大葱。

④制鳝为炭：把鳝鱼做得像木炭一样焦黑难吃。

【点评】

鳝丝羹不难做，关键在于“划丝”。鳝鱼很细，也很滑，表皮有很腥的黏液，需要先将鳝鱼冲洗干净，冷水下锅，煮到第一滚，马上停火出锅，入冷水浸泡。然后倒掉冷水，将鳝鱼摊放在砧板上，用一根牙签沿着鳝骨往下划开，去除内脏，再漂洗干净。如果是较大的鳝鱼，此时先切段，再切丝；如果是小黄鳝，只切段就行，不必再切丝。

炒鳝

拆鳝丝炒之，略焦[①]，如炒肉鸡之法，不可用水。

【注释】

①略焦：略微干一些。

【点评】

炒鳝丝确实不宜加水，否则鳝丝会相互黏连，还容易糊锅。

段鳝

切鳝以寸为段，照煨鳗法煨之，或先用油炙[1]，使坚[2]，再以冬瓜、鲜笋、香蕈作配，微用酱水，重用[3]姜汁。

【注释】

①油炙：油炸。

②使坚：使软塌塌的鳝段变得焦脆挺括。

③重用：多放。

【点评】

炒鳝丝不宜加水，但是炸过的鳝段可以加水，此时油亮挺括，不会黏连。

虾圆

虾圆照鱼圆法[1]，鸡汤煨之，干炒亦可。大概捶虾[2]时不宜过细，恐失真味，鱼圆亦然。或竟剥夺虾肉[3]，以紫菜拌之亦佳。

【注释】

①鱼圆法：见《水族有鳞单·鱼圆》。

②捶虾：将虾去皮、开背、去虾线，加盐、料酒等作料拌匀，用木槌打成虾茸。

③剥夺虾肉：将虾肉剥出来。

【点评】

虾圆如干炒，锅底宜多放油，否则容易炒散。捏虾圆时如果放入一些碎木耳、碎莲藕或者碎荸荠，表层刷油，上锅蒸熟，比炒虾圆更好吃，口感糯中有脆，富有层次感。

虾饼

以虾捶烂，团[1]而煎之，即为虾饼。

【注释】

①团而煎之：先搓成虾圆，然后再煎。

【点评】

本条描述过于简略，完整过程是这样的：将大个的新鲜虾圆放入煎锅，一边煎，一边用炒勺或锅铲往下按，按成圆饼，再翻锅炒黄另一面。

醉虾

带壳，用酒炙黄[1]，捞起，加清酱、米醋煨之，用碗闷之[2]。临食放盘中，其壳俱酥[3]。

【注释】

①用酒炙黄：用烈酒泡虾，使虾壳变黄。

②用碗闷之：放进碗里盖严，焖一会儿。

③其壳俱酥：虾肉和虾壳都酥了。

【点评】

醉虾是生吃的，肠胃不好的朋友不要尝试。

炒虾

炒虾照炒鱼法[1]，可用韭配，或加冬腌芥菜则不可用韭矣[2]。有捶扁其尾单炒[3]者，亦觉新异。

【注释】

①炒鱼法：见《水族有鳞单·鱼片》。

②“或加”句：如果用冬腌芥菜搭配，就不要再用韭菜了。

③单炒：单独炒虾，不加韭菜、芥菜等配料。

【点评】

炒虾与韭菜是绝配，据说有补肾滋养之妙用。基本做法是先用重油将虾炒红，出锅后再炒韭菜，然后将虾倒入翻匀。

蟹

蟹宜独食，不宜搭配他物。最好以淡盐汤[①]煮熟，自剥自食为妙。蒸者味虽全，而失之太淡。

【注释】

①淡盐汤：放有少量盐的热水。

【点评】

现在绝大多数食客都坚信清蒸才是螃蟹的最佳享用方式，而袁枚认为蒸蟹太淡，不如用盐水煮熟，可能是因为他吃螃蟹的时候没有好蘸料相搭配吧。

蟹羹

剥蟹为羹[①]，即用原汤煨之[②]，不加鸡汁，独用为妙。见俗厨从中加鸭舌或鱼翅或海参者，徒夺其味而惹其腥恶[③]，劣极矣！

【注释】

①剥蟹为羹：将螃蟹煮熟，剥肉去壳，单用蟹肉炖汤。

②即用原汤煨之：就用原先煮蟹的汤来煨蟹。

③“徒夺”句：鸭舌、鱼翅、海参等配料的味道压住了蟹的鲜香，蟹的腥味又污染了配料。

【点评】

蟹有真味，只宜独用或与蔬菜相配，不适合添加其他肉类，这句话才是千古食蟹之真理。

炒蟹粉[①]

以现剥现炒之蟹为佳，过两个时辰[②]则肉干而味失。

【注释】

①蟹粉：剥出来的蟹肉和蟹黄。

②两个时辰：四个小时。

【点评】

蟹粉由蟹肉与蟹黄组成，其中蟹黄含大量油脂，蟹肉中也有一些油脂，倘放置过久，则表面油脂会挥发，内层油脂会凝固，使得蟹粉不再松软。现在有冰箱，可以把剥好放凉的蟹粉用保鲜膜包起来冷藏，但口感毕竟不如新剥的蟹粉。另有一法是将新鲜蟹粉放进猪油里煸炒，炒到猪油呈金黄色，蟹肉紧实有弹性，再加一点盐继续翻炒，让蟹肉有足够的咸味，则可长期保存而不坏。

剥壳蒸蟹

将蟹剥壳，取肉，取黄，仍置壳中，放五六只在生鸡蛋上蒸之，上桌时完然[①]一蟹，惟去爪脚，比炒蟹粉觉有新色[②]。杨兰坡明府[③]以南瓜肉拌蟹，颇奇。

【注释】

①完然：好像很完整的样子。

②新色：新颖别致。

③杨兰坡明府：见《戒单·戒停顿》注。

【点评】

这道剥壳蒸蟹实际上就是蒸蟹粉，只不过用蟹壳作为盛蟹粉的容器，造型更别致罢了。蒸的时候为什么要“放五六只在生鸡蛋上”呢？因为蟹粉在蟹壳里，上面受水蒸气加热，下面受蟹壳导热，上下受热严重不均，而用鸡蛋垫底之后，受热就相对均匀一些了。其实这道菜不一定非要用鸡蛋垫底，也可以用竹筷将蟹壳架起来蒸。

蛤蜊[①]

剥蛤蜊肉，加韭菜炒之佳。或为汤亦可，起迟便枯[②]。

【注释】

①蛤（gé）蜊（lì）：浅海软体动物，壳呈卵圆形，肉质鲜美，有“西施舌”之美称。

②起迟便枯：出锅稍晚一些就会变得干枯。

【点评】

蛤蜊肉软嫩易熟，火候宁缺勿过，哪怕稍微生一些，也比熟过头要好吃。

蚶[①]

蚶有三吃法：用热水喷之，半熟去盖，加酒、秋油醉之；或用鸡汤滚熟，去盖入汤；或全去其盖，作羹亦可。但宜速起[②]，迟则肉枯。蚶出奉化县[③]，品在车螯、蛤蜊之上。

【注释】

①蚶（hān）：蚶子，浅海与河口贝类，包括毛蚶、泥蚶、魁蚶、麻

蚶等，壳薄肉厚，营养丰富。

②但宜速起：必须及时出锅。

③奉化县：今浙江奉化。

【点评】

用沸水将蚶子浇到半熟，去掉外壳，做成醉蚶，这种吃法很有创意，可以一试。

车螯

先将五花肉切片，用作料闷烂。将车螯洗净，麻油炒，仍将肉片连卤烹之，秋油要重些方得有味，加豆腐亦可。车螯从扬州来[①]，虑坏[②]，则取壳中肉置猪油中，可以远行，有晒为干者亦佳。入鸡汤烹之，味在蛏干[③]之上。捶烂车螯作饼，如虾饼样，煎吃加作料亦佳。

【注释】

①从扬州来：从扬州运到南京。

②虑坏：担心车螯在运送途中腐败。

③蛏干：蛏子肉的干制品，须将蛏子煮熟去壳，洗肉晒干，可长期贮藏。

【点评】

车螯又叫“义河蚶”，样子跟蛏子有点儿像，但没有蛏子规整，具金黄色狭长贝壳两枚，合拢时犹如一柄短剑。肉色乳白，用以氽汤，鲜美可口。本条食谱建议与煮熟的五花肉片同炒，也属常见做法。扬州有“车螯烧卖”，剖开车螯外壳，摘净内脏，取其白肉，焯水捞出，切成细丁，与萝卜丝、五花肉丁一起炒熟做馅儿，裹成烧卖。

程泽弓蛏干

程泽弓[①]商人家制蛏干[②]，用冷水泡一日，滚水煮两日，撤汤[③]五次，一寸之干[④]，发开有二寸，如鲜蛏一般，才入鸡汤煨之。扬州人学之，俱不能及。

【注释】

①程泽弓：扬州盐商。

②制蛏干：这里指将蛏干烹制成佳肴。

③撤汤：换水。

④一寸之干：一寸长的蛏干。

【点评】

蛏干不能直接烹制，发的时候要有耐心。现代厨师为了节省时间，多用清水泡半个小时，冲净泥沙，再放笼屉上蒸半个小时，蛏干即已发好。而本条食谱中扬州盐商程泽弓有钱有闲有家厨，不怕麻烦，冷水泡一天，滚水煮两天，中间还要换五次水，将一寸来长的蛏干发到两寸来长，你说它能不好吃吗？

鲜蛏

烹蛏法与车螯同，单炒亦可。何春巢[①]家蛏汤豆腐之炒，竟成绝品。

【注释】

①何春巢：杭州人，名何琪，字春巢，雅号花竹，隐居不仕。

【点评】

鲜蛏可炖汤，亦可爆炒，爆炒时常用韭菜、姜葱、酱汁、大蒜或者豆瓣酱搭配，去腥提鲜，收效均佳。

水鸡①

水鸡去身用腿②，先用油灼之，加秋油、甜酒、瓜、姜起锅。或拆肉炒之，味与鸡相似。

齐白石画的青蛙

【注释】

①水鸡：指青蛙，又称“田鸡”。

②去身用腿：剁掉青蛙的躯干，只留四条蛙腿。

【点评】

现代人吃青蛙的不多见了，有的是担心裂头蚴，有的是下意识地觉得青蛙样子怪怪的不敢吃，有的则是高风亮节，不想为了口腹之欲而破坏生态。古人对裂头蚴毫无概念，也不用担心生态问题，所以嗜吃青蛙的食客真是乌泱乌泱的。

杭州是袁枚老家，其宋朝老乡吃起青蛙来毫不客气。叶绍翁《四朝闻见录》载：“杭人嗜田鸡如炙，即蛙也，旧以其能食害稼者，有禁。宪圣南渡，以其酷似人形，力赞高宗禁止。今都人习此味不能止，售者至刳冬瓜以实之，置诸食蛙者之门，谓之送冬瓜。”北宋朝廷听说青蛙能杀害虫，禁止人们食用，没成功；到了南宋，宋高宗他妈韦老太后认为青蛙长得像人，吃青蛙等于吃人，让高宗皇帝再下禁令，仍然没挡住杭州人吃青蛙的滚滚潮流。卖青蛙的商贩为了躲避禁令，把青蛙藏到冬瓜里，偷偷摸摸去老主顾家分送……

杂素菜单

菜有荤素，犹衣有表里[①]也。富贵之人嗜素甚于嗜荤，作《素菜单》。

【注释】

①犹衣有表里：就像衣服有表有里。表，衣服外层；里，衣服内层。

【点评】

富贵之人嗜素甚于嗜荤，并非因为素菜比荤菜更美味，而是因为他们吃荤吃腻了，就像富豪榜上排名靠前的大腕出来搞人生讲座时总是大谈金钱不重要一样。

蒋侍郎[①]豆腐

豆腐两面去皮[②]，每块切成十六片，晾干。用猪油熬清烟起才下豆腐，略洒盐花一撮，翻身后，用好甜酒一茶杯、大虾米一百二十个（如无大虾米，用小虾米三百个）。先将虾米滚泡一个时辰，秋油一小杯再滚一回，加糖一撮再滚一回，用细葱半寸许长一百二十段[③]，缓缓起锅。

【注释】

①蒋侍郎：见《海鲜单·海参三法》注。

②豆腐两面去皮：老豆腐表面有一层黄皮，口感较硬，用刀削去不要。

③一百二十段：指半寸来长的葱段总共需要放入一百二十段。

【点评】

俗话说“心急吃不了热豆腐”，是指加工豆腐程序繁多，先磨后煮，石膏点卤，火候不到，豆腐不成。加工豆腐耗费时间，烹制豆腐也需要水磨工夫，因为豆腐难以入味，必须经过长时间炖煮才能充分吸收汤汁的美味，才能将略带苦味和豆腥味的生豆腐变成可以宴客的美味佳肴。

杨中丞①豆腐

用嫩豆腐，煮去豆气②，入鸡汤，同鳆鱼片③滚数刻，加糟油、香蕈起锅。鸡汁须浓，鱼片要薄。

【注释】

①杨中丞：见《海鲜单·鳆鱼》注。

②煮去豆气：滚水焯豆腐，去除豆腥味。

③鳆鱼片：鲍鱼片。

【点评】

嫩豆腐俗称“水豆腐”，它比老豆腐更容易入味，所以也更适合炖汤。闻名天下的扬州文思豆腐其实就是用嫩豆腐切丝炖汤。不过嫩豆腐易烂，不能翻炒，炖汤时也不能频繁翻动，用汤勺轻轻推两下就行了。

张恺①豆腐

将虾米捣碎，入豆腐中，起油锅，加作料干炒。

【注释】

①张恺：字东皋，袁枚的朋友，《小仓山房尺牍》中有《为张东皋太夫人祝寿》一文。

【点评】

这道“张恺豆腐”其实就是虾酿豆腐。现在有一种厨具，可以在豆腐上挖出或方或圆的小孔，挖深一些，酿入虾泥，再用一小片豆腐盖住，滚油炸熟或者上锅蒸熟皆可。如果汆汤的话，则最好用蛋糊封口，以防虾泥漏出。本条食谱乃是将虾酿豆腐入锅干炒，恐怕不太靠谱，怀疑系袁枚误记，因虾酿豆腐非要干炒的话，是必须先在油锅里炸一下的，否则虾与豆腐会彻底散掉。

庆元[1]豆腐

将豆豉一茶杯，水泡烂，入豆腐同炒起锅。

【注释】

①庆元：地名，今浙江庆元县。

【点评】

豆豉和豆腐都是用黄豆制成，豆豉咸鲜，豆腐微苦，用豆豉炒豆腐，可去豆腐异味。又，豆腐有南北之别，南豆腐用石膏作凝固剂，北豆腐用盐卤作凝固剂，前者生豆气不如后者明显。南豆腐炒豆豉，可以直接炒，如果用北豆腐，最好在滚水里焯一下，去去生豆气。

芙蓉豆腐[1]

用腐脑[2]放井水泡三次，去豆气，入鸡汤中滚，起锅时加紫菜、虾肉。

【注释】

①芙蓉豆腐：因成品菜赏心悦目，如出水芙蓉而得名。

②腐脑：豆腐脑。

【点评】

井水多为浅层地下水，除了易污染和含有铁、锰、氨、氮、氟、钙等等对人体或有益或有害的成分以外，并无神奇之处，用它来去除豆腐脑的豆腥气跟用其他水没有任何不同之处。那为什么袁枚还建议用井水呢？第一，那时候没有自来水，泉水又不易获得，井水是最方便和最干净的；第二，在缺乏实证精神的古人看来，井水像雨水一样神秘莫测，雨水为无根水，井水为有根水，两种水都可以做药引子。从唐末到民国，中医典籍一直宣传“井华水”的神奇疗效，说用它洗澡包治百病。井华水是什么呢？早上打上来的第一桶井水而已，跟第二桶第三桶比起来，第一桶井水其实最脏。

王太守[1]八宝豆腐

用嫩片[2]切粉碎，加香蕈屑、蘑菇屑、松子仁屑、瓜子仁屑、鸡屑、火腿屑，同入浓鸡汁中，炒滚起锅。用腐脑亦可。用瓢不用箸[3]。孟亭太守云：“此圣祖[4]赐徐健庵尚书[5]方也。尚书取方时，御膳房费一千两。”太守之祖楼村先生[6]为尚书门生，故得之。

【注释】

①王太守：王箴舆，字敬倚，号孟亭，江苏宝应人，康熙五十一年（1712）进士，曾任卫辉知府，出身于世家大族，擅诗，精于饮食，系袁枚好友。

②嫩片：嫩豆腐片。

③用瓢不用箸：吃的时候用瓢舀，不用筷子夹。

④圣祖：康熙庙号。

⑤徐健庵尚书：徐乾学，字原一，号健庵，江苏昆山人，康熙年间大臣，曾任刑部尚书。

⑥楼村先生：王式丹，王箴舆的祖父，字方若，号楼村，康熙四十二年（1703）状元，他早年参加乡试时，徐乾学为主考。

【点评】

豆腐很便宜，但是加了香菇、松仁、瓜子、火腿之后再入鸡汤同炖，登时身价倍增。这道菜本为康熙御膳，被擅长逢迎的佞臣徐乾学花一千两银子买到了所谓的“秘方”。徐乾学将此方传给门生王式丹，王式丹传给孙子王箴舆，王箴舆又把它传给了袁枚。我们这些现代人既不需要斥巨资贿赂御厨，也不需要结交什么太守、尚书，仅仅通过读书就能得到御膳秘方，何其幸运！

程立万[①]豆腐

乾隆廿三年[②]，同金寿门[③]在扬州程立万家食煎豆腐，精绝无双。其腐两面黄干，无丝毫卤汁，微有车螯鲜味，然盘中并无车螯及他杂物也。次日告查宣门[④]，查曰：“我能之，我当特请[⑤]。”已而，同杭堇浦[⑥]同食于查家，则上箸大笑——乃纯是鸡雀脑[⑦]为之，并非真豆腐，肥腻难耐矣，其费十倍于程，而味远不及也。惜其时余以妹丧急归，不及向程求方。程逾年亡，至今悔之，仍存其名，以俟再访。

【注释】

①程立万：扬州盐商。

②乾隆廿三年：乾隆二十三年（1758），本年与次年十月，袁枚均曾应两淮盐运使之邀往游扬州，而下文有“妹丧急归”语，指三妹袁机病逝，按：袁机死于乾隆二十四年（1759）十一月，故袁枚品尝扬州程立万豆腐应为乾隆二十四年之事，“乾隆廿三年”当属误记。

③金寿门：金农，清代书画家，扬州八怪之首，字寿门，系袁枚同乡兼好友。

④查（zhā）宣门：查开，字宣门，号香雨，出身于浙江海宁查氏世家，系金庸先生先祖，曾任中牟县丞。

⑤特请：专门宴请。

⑥杭堇浦：杭世骏，清代学者、画家，字大宗，号堇浦，系袁枚同乡兼好友。

⑦鸡雀脑：鸡和麻雀的脑子。

【点评】

豆腐能煎出车螯的味道，确实神秘，但不难解：煎豆腐时洒上炖过车螯的原汤即可。不久前在郑州的一家杭州馆子吃过一道“蟹粉豆腐”，明明没有蟹粉，味道却跟放了蟹粉一个样，怎么做的呢？将胡萝卜泥、土豆泥、香菇丁与豆腐丁同炒，加盐加糖加味精就是了。

素菜可以仿荤，荤菜也可以仿素。本条食谱里的“查宣门”是金庸先生祖先，袁枚去他家吃了一道用鸡脑和麻雀脑做的假豆腐，正是荤菜仿素的典型，可惜仿得比较失败。听说现在江苏常州仍有“鸡脑豆腐”这道菜，不知道是不是用鸡脑仿的假豆腐，以后有机会去尝尝。

冻豆腐

将豆腐冻一夜，切方块，滚去豆味，加鸡汤汁、火腿汁、肉汁煨之。上桌时，撤去鸡、火腿之类，单留香蕈、冬笋。豆腐煨久则松，面起蜂窝[①]，如冻腐[②]矣，故炒腐宜嫩，煨者宜老。家致华分司[③]用蘑菇煮豆腐，虽夏月亦照冻腐之法，甚佳。切不可加荤汤，致失清味。

【注释】

①面起蜂窝：豆腐表面出现密密麻麻的蜂窝状小孔。

②冻腐：冻豆腐。

③家致华分司：见《水族无鳞单·汤鳗》注。

【点评】

“炒腐宜嫩，煨者宜老”，这八个字真是经验之谈。炒豆腐宜嫩，火候老则不甜；煨豆腐宜老，火候浅则不入味。

虾油豆腐

取陈虾油[①]代清酱炒豆腐，须两面炒黄。油锅要热，用猪油、葱、椒。

【注释】

①虾油：鲜虾经腌渍、发酵、熬炼，可提取出一种极为鲜美的调味汁，因黄亮如油，故名虾油。

【点评】

虾油是比酱油还要鲜美的调味汁，不但可以炒豆腐，还可以拌豆腐：将豆腐切成小方丁，投入沸水锅内略烫一下，除去豆腥气，捞出沥干，放入盆内，加入虾油、精盐、葱花，拌匀装盘。虾油已极鲜，不要再放味精。

蓬蒿菜[①]

取蒿尖，用油灼瘪[②]，放鸡汤中滚之，起时加松蕈[③]百枚。

【注释】

①蓬蒿菜：茼蒿。

②灼瘪：炒软。

③松蕈：即松茸，现为珍稀名贵食材。

【点评】

茼蒿很便宜，松茸可就昂贵多了，一道蓬蒿菜竟然要配一百枚松茸，天哪，这道菜吃不起。好在袁枚那个时代松茸并不昂贵，价格大概跟茼蒿也差不多。甭说袁枚那个时代了，就在不远的三十多年前，中国境内乏人问津的松茸因为日本人追捧而刚刚成为商品的时候，一公斤才两毛钱而已。现在呢？论克出售，一克至少三百，比黄金都贵！

蕨菜[1]

用蕨菜不可爱惜，须尽去其枝叶，单取直根，洗净煨烂，再用鸡肉汤煨。必买矮弱者才肥[2]。

【注释】

①蕨菜：凤尾蕨科生落叶草本植物的幼嫩叶芽，口感滑润，味道清香。

②必买矮弱者才肥：一定要买矮小嫩弱的蕨菜，这样叶芽才肥嫩可口。

【点评】

蕨菜根茎粗壮，唯有嫩叶与肥嫩的直根可食，入口顺滑，味道微苦，可以凉拌和搭配各种肉类炖汤。不过根据20世纪70年代以来日本科学家与国内医学界的相关研究，新鲜蕨菜含有一种名为“原蕨苷”的致癌物，如果大量食用，机体癌变的概率会显著提高，而这种致癌物在长时间加热后是会显著减少的。所以在此提出两条建议：一、凉拌蕨菜就不要吃了，以后只用蕨菜炖汤；二、不要经常性地食用蕨菜。

葛仙米[1]

将米细检[2]淘净，煮米烂，用鸡汤、火腿汤煨。临上时，要只见米，不见鸡肉、火腿搀和才佳。此物陶方伯[3]家制之最精。

【注释】

①葛仙米：一种藻类植物，生长于冬春时节的稻田之中，成活时呈蓝绿色，有泥腥味，入水浸泡后像一堆散落的黑珍珠，又称天仙米、水木耳、珍珠菜。葛仙指东晋道士葛洪，传说其死后羽化成仙。

②检：同“拣”，有挑选之义。

③陶方伯：陶易，字经初，号悔轩，山东威海人，太学生出身，乾隆四十一年（1776）升任江宁布政使，居官清廉方正，深受民众爱戴。其母去世时，袁枚曾作诗悼念。方伯，明清时人对布政使的敬称。

【点评】

葛仙米是比较稀见的野生藻类蔬菜，营养价值丰富，内含十五种氨基酸与十五种矿物质，蛋白质含量超过黄豆，是珍贵的天然保健食材。这种食材产量极低，仅湖北、四川偶尔可见，故此售价高昂，干货每公斤大约在千元以上。

干制葛仙米需浸泡三小时左右，使之膨大成球状，捞出沥干，或放料酒腌渍后炒食，或配肉炖汤，出锅时勾薄芡，品相极其美观。也有人凉拌生食，但有泥腥气。

羊肚菜[1]

羊肚菜出湖北，食法与葛仙米同。

【注释】

①羊肚菜：即羊肚菌，菌盖表面凹凸不平，状如羊肚（羊胃），今为宴席珍品。

【点评】

羊肚菌富含八种维生素和十八种氨基酸，粗蛋白含量超过两成，有

"素中之荤"的美称，又有抑制癌细胞生长的功效。羊肚菌炖鸡、羊肚菌烧肉、羊肚菌玉菇汤、羊肚菌鱼汤片、羊肚菌煨豆苗，都是值得点赞的佳肴。近年国内高档饭庄也开始推出鲍汁羊肚菌、鱼翅羊肚菌鸡汤、竹笋灵芝煲羊肚菌等名贵大菜。

石发①

制法与葛仙米同。夏日用麻油、醋、秋油拌之，亦佳。

【注释】

①石发：即石花菜，又名鹿角菜、龙须菜、海冻菜，生于浅海礁石上，半透明，口感脆嫩，可拌凉菜，亦可提炼琼脂。

【点评】

石花菜凉拌，在豫东平原被称为"素鹿角"，脆嫩爽口，是夏季夜市上很受欢迎的下酒菜。高档饭店厨师通常将石花菜作装饰用：石花菜加水熬煮，可以制成液体状的琼脂，铺在盘底，用其他食材勾画荷花与游鱼，最后将烹制好的主菜放在上面，待琼脂凝固后，盘底犹如一湖秋水，造型非常漂亮。

珍珠菜①

制法与蕨菜同，上江新安②所出。

【注释】

①珍珠菜：菊科植物，叶片如野菊花，花小而白如珍珠，别名红丝毛、白花蒿、鸭脚菜、狼尾巴花，茎叶营养丰富，富含钾，可拌菜、煮汤，或素炒而食。

②上江新安：指徽州。袁枚老家杭州有钱塘江，而徽州位于钱塘江上

游新安江流域，故称徽州为上江新安。

【点评】

珍珠菜是多年生植物，在潮州地区全年可采摘嫩梢、嫩叶食用，在安徽亳州每年也有半年以上的采摘期。其嫩梢可炒蛋，嫩叶可凉拌，也可以配鸡蛋与瘦肉做汤。

素烧鹅[①]

煮烂山药，切寸为段[②]，腐皮包[③]，入油煎之，加秋油、酒、糖、瓜、姜，以色红为度。

【注释】

①素烧鹅：形如烧鹅的仿荤菜肴。

②切寸为段：切成一寸来长的小段。

③腐皮包：用豆腐皮包住。

【点评】

仿荤菜肴有色似、香似、味似之别。用冬菇木耳仿甲鱼属色似，用豆腐皮仿烧鸡属味似，本条用豆腐皮包山药仿烧鹅，属于色似。但如果调味得法，腐皮也会有鹅的口感和香味，那就兼具色似、形似、味似，是一道最成功的仿荤菜了。

韭

韭，荤物[①]也。专取韭白，加虾米炒之便佳。或用鲜虾亦可，蚬[②]亦可，肉[③]亦可。

《植物名实图考》里的韭菜

【注释】

①荤物：荤食。按佛经所载，荤食本指气味浓烈、食后易有口气的蔬菜，如大蒜、小蒜、韭菜、大葱、藠（jiào）头，并称“五荤”。

②蚬（xiǎn）：亦称“扁螺”。肉可食，壳可入药。

③肉：特指猪肉。

【点评】

韭菜气味浓烈，但可以搭配的食材却不少：韭菜炒蛋、韭菜银鱼、韭菜猪红、韭菜春笋、韭菜鸡肝、韭菜粉条、韭菜炒菜薹（tái）、韭菜土豆丝、韭菜炒洋葱、韭菜炒螺蛳……简直是荤素百搭之妙品。本条食谱写韭菜炒虾米，专用韭白，那是韭菜最嫩最鲜的部分，无臭味，不塞牙。

芹

芹，素物[①]也，愈肥愈妙。取白根炒之，加笋，以熟为度。今人有以炒肉者，清浊不伦[②]，不熟者，虽脆无味。或生拌野鸡，又当别论。

【注释】

①素物：与大蒜、小蒜、藠头、大葱、韭菜等五荤相对，指食后没有口气的蔬菜。

②不伦：不像样。

【点评】

芹菜叶微苦，芹菜稍多丝，唯有肥根部位脆嫩无丝，所以“愈肥愈妙”。但说芹菜炒肉“清浊不伦”，那绝对是一家之辞，牵强附会。或许在袁枚心目中，芹菜天性清雅，肉类天性污浊，芹菜与肉不搭配。可是他老人家在前面《特牲单·炒肉片》中还用竹笋炒猪肉来着，竹笋难道不清雅吗？

豆芽

豆芽柔脆，余颇爱之，炒须熟烂，作料之味才能融洽。可配燕窝，以柔配柔，以白配白故也，然以极贱而陪极贵，人多嗤[①]之，不知惟巢由[②]正可陪尧舜耳。

【注释】

①嗤：讥笑。

②巢由：巢父和许由，上古之时两位著名的隐士，分别得到尧帝和舜帝的传位而不接受。

【点评】

瞧见没，那边才说过芹菜炒肉清浊不伦，这边谈到极贱的豆芽搭配极贵的燕窝时就扯“巢由正可陪尧舜”了。

茭[1]

茭白炒肉炒鸡俱可。切整段，酱醋炙之[2]尤佳。煨肉亦佳。须切片，以寸为度，初出太细者无味。

【注释】

①茭（jiāo）：茭白，禾本科植物菰（gū）的嫩茎被黑粉菌感染而长成的肥大部分，状如纺锤，是江南及两广地区常见的水生蔬菜。

②酱醋炙之：涂抹酱醋，做成烧烤。

【点评】

茭白如同芹菜和竹笋，都是“极清之物”，而“炒鸡炒肉皆可”。事实上，袁枚心目中的食材搭配并无一定之规，只要好吃就行了。而我们在“好吃”之外还要再加一个食物搭配原则：对人体无害，不影响营养成分的吸收。

青菜[1]

青菜择嫩者，笋炒之。夏日芥末拌，加微醋可以醒胃，加火腿片可以作汤。亦须现拔者才软。

【注释】

①青菜：特指小白菜。

【点评】

我们应该羡慕袁枚，因为他那个时代还没有化肥、农药和各种生长激素，小白菜还保持着小白菜的样子，没有像肿瘤一样膨大的根部。呼吸着健康的空气，守护着健康的菜园，现拔现炒，现拔现调，那种岁月静好的田园生活一去不复返了。

台菜[1]

炒台菜心最懦[2]，剥去外皮，入蘑菇、新笋作汤。炒食加虾肉亦佳。

《植物名实图考》里的油菜

【注释】

①台菜：即薹心菜。

②懦：通“糯”，肥嫩可口。

【点评】

台菜即油菜，台菜心即油菜薹，它是从油菜顶端中心部位生长出来的花茎，脆嫩爽口，香味浓郁，可凉拌、清炒、做汤。刚抽出的菜薹与周边嫩叶均可食用，已经变老的菜薹则粗硬苦涩，需要“剥去外皮”。

白菜[1]

白菜炒食，或笋煨[2]亦可，火腿片煨、鸡汤煨俱可。

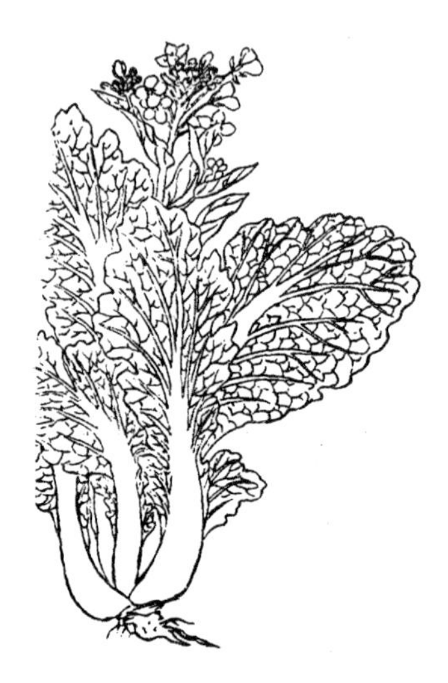

《植物名实图考》里的白菜

【注释】

①白菜：特指大白菜。

②笋煨：与竹笋同炖。

【点评】

鸡汤与白菜大概是最为门当户对的荤素搭配了，成本低廉而韵味十足，就像一对出身于平民阶层但是却通过不懈努力而成功逆袭的励志夫妻。

黄芽菜[①]

此菜以北方来者为佳。或用醋搂[②]，或加虾米煨之，一熟便吃，迟则色味俱变。

【注释】

①黄芽菜：结球白菜，菜叶宽大翠绿，菜帮洁白如玉，包在里面的菜心因为见不到阳光而呈现淡黄色，别称“包心大白菜”，粤语称“绍菜”。

②醋搂：醋熘。

【点评】

北方气候温差大，大白菜生长期长，体型椭圆，能结出浑圆紧致清香甜脆的包心。外裹的菜叶纤维素较多，味道微苦，适合煮熟食用，里面的包心则脆嫩清甜，毫无苦味，最适合切丝凉拌。

瓢儿菜[①]

炒瓢菜心，以干鲜无汤为贵。雪压后更软。王孟亭太守[②]家制之最精，不加别物，宜用荤油。

【注释】

①瓢儿菜：即上海青。

②王孟亭太守：见本章《王太守八宝豆腐》注。

【点评】

瓢儿菜即上海青，是小白菜的变种，叶少茎多，叶柄肥厚，最适合清炒。不过现在的上海青根部过于膨大，需要长时间爆炒，否则有臊味，而爆炒时间过长则会让叶片软烂，营养物质流失。合理的做法是在爆炒之前先将去根洗净的上海青整棵摁在沸水里焯一下，然后再整棵炒制，整棵摆盘，看起来也很美观。如果上海青植株偏大，则从根部纵向下刀，切成两半或者四半。

波菜[①]

波菜肥嫩，加酱水豆腐煮之，杭人名“金镶白玉板[②]”是也。如此种菜[③]，虽瘦而肥，可不必再加笋尖、香蕈。

【注释】

①波菜：即菠菜。

②金镶白玉板：全称“金镶白玉板，红嘴绿鹦哥”，是古代文人对菠菜豆腐的美称。

③如此种菜：像这种菜。

【点评】

菠菜系唐朝时由尼泊尔传入，尼泊尔古称“波棱国”，故菠菜亦称“波棱菜”，简称“波菜”。

蘑菇

蘑菇不止作汤，炒食亦佳。但口蘑[①]最易藏沙，更易受霉，须藏之得法，制之得宜。鸡腿蘑[②]便易收拾，亦复讨好[③]。

【注释】

①口蘑：见《羽族单·口蘑煨鸡》注。

②鸡腿蘑：鸡腿蘑菇，菌伞厚而小，菌柄如鸡腿。

③讨好：讨人欢喜。

【点评】

过去北方大草原是蘑菇主产地，干制后运至河北张家口，再从张家口

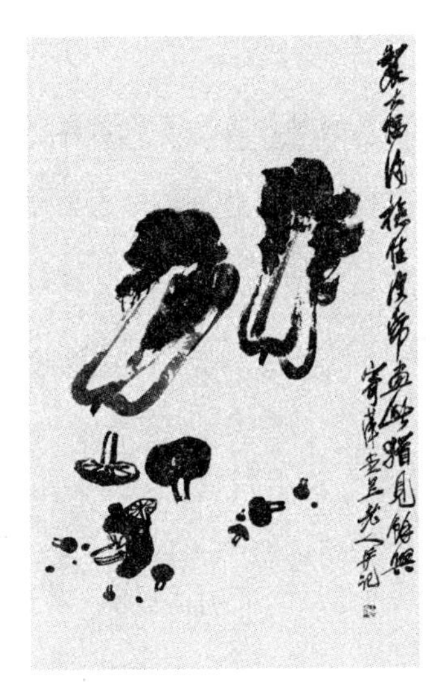

齐白石画的白菜与蘑菇

分销全国，故此“口蘑”成了各种干蘑菇的代称。

鸡腿蘑菇菌盖紧闭，浑圆如球，菌柄粗如鸡腿，清香宜人，没有异味，倘若炖煮得法，确实会有鸡腿味，是野生蘑菇中的珍品。小时候去村子南边树林里采蘑菇，如果能采到一株鸡腿蘑菇，就会兴奋地叫起来：“啊哈，今天可以吃鸡腿啦！”

松蕈

松蕈加口蘑炒最佳，或单用秋油泡食亦妙，惟不便久留①耳。置各菜中，俱能助鲜，可入燕窝作底垫②，以其嫩也。

【注释】

①久留：久藏。

②入燕窝作底垫：炖燕窝时将松茸片垫在盆底。

【点评】

现在松茸已成我国濒危物种，再土豪的食客也不会将其混同于普通蘑菇，一次爆炒一大锅了。典型吃法是将松茸切片，用铁板烤制，食用时搭配日本酱油。或者将一棵松茸纵切四份，挂上蛋糊，温油炸至金黄色，这可是日本天妇罗大家族当中最为昂贵的一种菜品哦！

面筋三法

一法：面筋入油锅炙枯①，再用鸡汤、蘑菇清煨；一法：不炙，用水泡，切条入浓鸡汁炒之，加冬笋、天花②，章淮树观察③家制之最精，上盘时宜毛撕，不宜光切；加虾米泡汁、甜酱炒之，甚佳。

【注释】

①炙枯：炸干炸透。

②天花：天花菜，又名“天花蘑菇”，高山菌类，气香味美。

③章淮树观察：章攀桂，字淮树，安徽桐城人，乾隆时曾任“苏松太兵备道”一职，相当于上海市市长。观察，清朝人对道台一级官员的别称。

【点评】

鸡汤冬笋炒面筋、虾汁酱油炒面筋、油炸面筋煨鸡汤，三道皆美味，不过若论品相，还数油炸面筋第一。生面筋非常黏，炒时易黏锅，出锅时又黏糊糊的不好看，口感也不美。不如撕成小段，滚油炸透，色泽金黄，外脆内喧，再用鸡汤去煨，饱吸浓汁，更加美味。事实上，将面筋炸透，可以不煨鸡汤，直接装盘上桌，口感焦脆，咀嚼时能听到咯吱吱的响声，宛如深冬时节穿着皮靴在厚厚的雪地里走过，俗称“响面筋”。

茄二法

吴小谷广文[①]家，将整茄子削皮，滚水泡去苦汁，猪油炙之。炙时须待泡水干后，用甜酱水干煨，甚佳。卢八太爷家切茄作小块，不去皮，入油灼微黄，加秋油炮炒，亦佳。是二法者，俱学之而未尽其妙，惟蒸烂划开，用麻油、米醋拌，则夏间亦颇可食。或煨干作脯，置盘中。

【注释】

①吴小谷广文：见《特牲单·熏煨肉》注。

【点评】

本条名为“茄二法”，实际上写了三种：煨茄子、炒茄子、蒸茄子。前两种不易掌握，蒸茄子却很简单。盛暑时节，大茄子切厚片，粥锅上蒸熟，铲到色拉盘里，用刀划成小块，撒几滴香油，再浇以国产生抽或日本酱油，不用放盐和味精，口感软糯，味道鲜美，比起浓油赤酱的炸茄子、煨茄子、红焖茄子来，做着更省工，吃着更健康。

苋羹

苋[①]须细摘嫩尖，干炒，加虾米或虾仁更佳。不可见汤[②]。

【注释】

①苋（xiàn）：苋菜。

②不可见汤：炒苋菜时不要加入清水和高汤。

【点评】

苋菜古称“葵”，是春秋战国及秦汉时期食用最为普遍的蔬菜，时称“蔬中之王”。古乐府云：“十五从军征，八十始得归。……中庭生旅谷，井上生旅葵。”其中“旅葵”指的就是苋菜。

苋菜口感滑嫩，气味清甜，宜煮不宜炒，正适合尚未出现炒菜的羹汤时代。不过随着新型蔬菜的不断培育和不断引进，苋菜在产量与味道上都比不上后来者，于是只好灰头土脸地退居幕后，成为今天仅在南方某些地区才有少量种植的非主流蔬菜。

芋羹

芋性柔腻，入荤入素俱可。或切碎作鸭羹，或煨肉，或同豆腐加酱水煨。徐兆璜明府家选小芋子[①]入嫩鸡煨汤，妙极！惜其制法未传，大抵只用作料不用水。

【注释】

①小芋子：小芋头。

【点评】

芋头种类不一，粗略划分有大小两种，大芋头甜而不面，小芋头面而不甜，大芋头适合做芋头沙拉和拔丝芋头，小芋头适合蒸食和煮汤。我们通常食用的芋头是小芋头。

芋头煨鸡时，先将芋头切块，与鸡块同炒，然后加水收汁，否则芋头会黏在锅底。徐兆璜徐县令家里的芋头煨鸡“只用作料不用水”，可能是加了酒酿或鸡汤。

豆腐皮

将腐皮泡软，加秋油、醋、虾米拌之，宜于夏日。蒋侍郎[①]家入海参用，颇妙。加紫菜、虾肉作汤，亦相宜。或用蘑菇、笋煨清汤，亦佳，以烂为度。芜湖敬和尚[②]，将腐皮卷筒切段，油中微炙，入蘑菇煨烂，极佳。不可加鸡汤。

【注释】

①蒋侍郎：见《海鲜单·海参三法》注。

②芜湖敬和尚：在芜湖某寺出家、法号某敬的和尚。古人尊称僧人时，常隐去法号中一字，如道济和尚被尊称为“济公”，慧远大师被尊称为“远公”，《二刻拍案惊奇》中大胜寺智高法师被尊称为“高和尚”。

【点评】

曾经吃过一道很有创意的豆腐皮卷筒：将豆腐皮切成巴掌大的四方块，搁花椒水里煮，水里多加盐，水滚后，改成小火，煨半小时，捞出来，控水，放凉，在每一块豆腐皮上都放一小把择净的荆芥，用寿司卷帘卷成一个个小圆筒，边缘用芡糊黏牢，两头也都抹上厚厚的芡糊，然后搁油锅里炸到通体金黄，即可食用。

本条食谱中的豆腐皮卷筒是一位和尚的作品。有意思的是，上面这道创意卷筒的发明者也是和尚。他在川藏交界处一座佛学院里修行，闲暇时仿照藏传佛教里经筒的造型，用豆腐皮和荆芥做出了一碟可以食用的小“经（荆）筒”。

扁豆

现采扁豆，用肉汤炒之，去肉存豆。单炒[①]者油重为佳，以肥软为贵。毛糙[②]而瘦薄者，瘠土所生，不可食。

【注释】

①单炒：只炒扁豆，不加其他配料。

②毛糙：扁豆不光滑。

【点评】

扁豆的生豆气很重，故用重油去之。长势不好、毛糙瘦薄的扁豆并非不可食，只是需要换一种吃法：将它们洗净、泡软、切碎，拌少量面粉，摊在笼屉上蒸熟，用食盐、米醋和小磨油调味，脆嫩无丝，清香可口。

瓠子、王瓜

将鲟鱼切片先炒，加瓠子[①]，同酱汁煨。王瓜[②]亦然。

【注释】

①瓠（hù）子：葫芦的变种，果实粗细匀称，呈圆柱形，嫩时柔软多汁，可作蔬菜。

②王瓜：葫芦的近亲，果实呈长圆形，与瓠子相近，但顶端略尖，嫩时可炒菜，成熟后可作药用。

【点评】

王瓜与瓠子被列入同一条目，主要是因为两者形状相近、大小相近、烹饪方法也相近。

古人笔下的“王瓜”并非一种，有时指硕大的甜瓜，有时指葫芦科栝（guā）蒌属植物的果实，有时则指黄瓜。故此也有人误将“瓠子、王瓜”释为“瓠子、黄瓜”，如三秦出版社2005年版《随园食单》注译本即犯这个错误。

煨木耳、香蕈

扬州定慧庵[①]僧能将木耳煨二分厚，香蕈煨三分厚——先取蘑菇熬汁为卤。

【注释】

①扬州定慧庵：今已不存，《扬州画舫录》无载，当为一座小寺庙。按：清代江南地区对寺庙的习惯性叫法，寺为大庙，庵为小庙，与是僧是

尼没有关系。

【点评】

作尺度讲时，一分等于十分之一寸，大约三毫米多一点，故二分即六七毫米，三分即一厘米左右，差不多是一片面包的厚度了。

木耳用清水泡发就会变厚，但是能让木耳变得像面包片那么厚，确实需要极高本事。扬州定慧庵的和尚是怎么把木耳煨到那么厚的呢？秘诀无它，只要付出足够的细心和耐心，用蘑菇汁慢慢煨就是了。

冬瓜

冬瓜之用最多，拌燕窝、鱼肉、鳗、鳝、火腿皆可。扬州定慧庵所制尤佳，红如血珀①，不用荤汤。

（宋）佚名《秋瓜图》，现藏台北“故宫博物院”

【注释】

①血珀：血琥珀，即深红色的琥珀。

【点评】

冬瓜是最健康的百搭菜，富贵如冬瓜燕窝汤，家常如冬瓜排骨汤，或用虾米炒冬瓜，或用火腿煨冬瓜，都是味美多汁的佳肴。豫东农村乡宴厨师喜欢用冬瓜做“假木瓜”：将冬瓜去皮挖穰，切成麻将块，用清水、白糖和麦芽糖熬煮，口感与味道都像木瓜。

煨鲜菱[1]

煨鲜菱，以鸡汤滚之，上时将汤撤去一半。池中现起者才鲜，浮水面者才嫩。加新栗、白果煨烂，尤佳，或用糖亦可，作点心亦可。

【注释】

①鲜菱：新长成的菱角。

【点评】

以前吃菱角毫无创意，都是白煮，然后剥皮蘸糖喂孩子。今后再吃菱角，可以试试用鸡汤去煮。

豇豆

豇豆炒肉，临上时，去肉存豆。以极嫩者，抽去其筋。

【点评】

豇豆壳厚多丝，所以烹制前先要去丝，也就是本条食谱中所说的“抽去其筋”。

《植物名实图考》里的豇豆

煨三笋

将天目笋、冬笋、问政笋[1]，煨入鸡汤，号“三笋羹”。

【注释】

①问政笋：出自徽州问政山的竹笋。

【点评】

竹笋产地不同，各有特色。大致而言，天目笋壳薄肉厚，冬笋甜中带涩，问政笋最为鲜嫩，但清香不够。三笋合一，味道的层次感一定非常丰富。

芋煨白菜

芋煨极烂，入白菜心烹之，加酱水调和，家常菜之最佳者。惟白菜须新摘肥嫩者，色青则老，摘久则枯[1]。

【注释】

①摘久则枯：白菜采摘之后存放时间长了会干枯。

【点评】

芋头煨熟，再与白菜心同炖，今称“芋头白菜”。从品相上讲，芋头煨得“极烂”不如煨到刚刚熟，剥皮切片，嫩白如藕，与黄黄绿绿的白菜叶片搭配，好看。

香珠豆

毛豆[1]至八九月间晚收者，最阔大而嫩，号“香珠豆”，煮熟以秋油、酒泡之。出壳[2]可，带壳亦可，香软可爱，寻常之豆不可食也。

【注释】

①毛豆：没有成熟的大豆嫩荚，此时豆荚青色或青黄色，大豆嫩绿色，适宜煮食。

②出壳：剥去豆荚。

【点评】

年年中秋时节，摘取大豆嫩荚，加盐、花椒、八角煮熟，俗称“毛豆”，是比月饼还要受欢迎的美味。

马兰[1]

马兰头菜，摘取嫩者，醋合笋拌食，油腻后食之，可以醒脾。

【注释】

①马兰：马兰头，江南地区常见野菜，亦有人工种植，叶与嫩茎可食。

【点评】

马兰头是农历二三月份的时令菜，可清炒、凉拌、煮汤，与豆腐干搭配可做“马兰头香干”：豆腐干切丁，马兰头焯水，挤去水分，切得细碎，与豆腐干拌匀，撒上盐，浇上醋、香油或少量滚热的菜籽油，绿白相间，鲜脆不可方物。

杨花菜[1]

南京三月有杨花菜，柔脆与波菜相似，名甚雅。

【注释】

①杨花菜：指嫩柳穗。

【点评】

古代文人喜欢称柳树为“杨柳”，诗词中所谓“杨花”者，往往不是杨树开的花，而是柳树开的花，即柳絮是也。每年农历二三月间，柳絮与柳叶同时发出，彼时青绿可爱，俗称“柳穗”，可拌成凉菜，爽脆可口，鲜甜清爽中略带苦味。

问政笋[1]丝

问政笋，即杭州笋也[2]。徽州人送者多是淡笋干，只好泡烂切丝，用鸡肉汤煨用。龚司马[3]取秋油煮笋，烘干上桌，徽人食之，惊为异味，余笑其如梦之方醒也。

【注释】

①问政笋：见前《煨三笋》注。

②即杭州笋也：当南宋之时，产自徽州的问政山笋曾贡至杭州，故又称“杭州笋”。

③龚司马：袁枚门生龚如璋，号云若，因曾做过一任同知（知府的副职），故此呼为龚司马。司马，明清时对同知的雅称。

【点评】

鲜笋不易存放，晒成笋干则淡而无味，不如加工成“酱油笋”。加工时要先将笋切丁煮熟，炸到金黄，然后再用酱油浸泡。龚司马“取秋油煮笋，烘干上桌”，他做酱油笋不经油炸，直接用酱油煮熟，前期方法较为简便，但是最后需要烘干。烘笋之时，将熟笋放到竹笼里，下面燃着木炭，不要有明火，不要有烟气，像焙茶一样烘制，很费工夫。

炒鸡腿蘑菇[1]

芜湖大庵和尚洗净鸡腿蘑菇，去沙，加秋油、酒炒熟，盛盘宴客，甚佳。

【注释】

①鸡腿蘑菇：见前《蘑菇》注。

【点评】

鸡腿蘑菇肥厚多汁，菌柄坚韧有咬头，口感几近于瘦肉，单炒即可，无需配料。

猪油煮萝卜

用熟猪油炒萝卜，加虾米煨之，以极熟为度。临起[①]加葱花，色如琥珀。

【注释】

①临起：临上菜。

【点评】

萝卜与羊肉和猪肉都可以搭配，如用猪肉炒萝卜，则非肥肉不可，因为瘦肉会在长时间炖煮当中越来越柴。本条食谱是用猪油炒萝卜，略显肥腻，但是收汁时放入虾米，可以解去肥腻。

小菜单

小菜佐食，如府吏胥徒[①]佐六官[②]也，醒脾解浊，全在于斯，作《小菜单》。

【注释】

①府吏胥徒：没有官衔的小吏和衙役。清代陈宏谋《在官法戒录》："自府吏胥徒以至鄙师县正之徒，皆所谓吏也。"

②六官：原指《周礼》中六种高官，即天官冢宰、地官司徒、春官宗伯、夏官司马、秋官司寇、冬官司空，这里指代一切官员。

【点评】

本章所谓小菜，专指居家食用的下饭菜，以腌菜、酱菜、干菜为主。

笋脯[①]

笋脯出处最多，以家园[②]所烘为第一：取鲜笋，加盐煮熟，上篮烘之，须昼夜环看[③]，稍火不旺则溲[④]矣。用清酱者，色微黑。春笋、冬笋皆可为之。

【注释】

①笋脯：笋干。

②家园：家乡，这里指杭州。

③环看：一直不停地观察。

④溲：指竹笋变质。

【点评】

烘笋如焙茶，对火候的把握至关重要。炭火不旺，笋会变味；炭火过旺，笋会焦黑。最好的燃料是已经烧透的竹炭，上面盖上一层薄薄的炭灰，只让热气升腾，不让明火上冲，以免竹笋外焦里生，烘焙不匀，散发出烟熏火燎的焦炭气。

天目笋

天目笋[①]多在苏州发卖[②]，其篓中盖面[③]者最佳，下二寸[④]便搀入老根硬节矣。须出重价，专买其盖面者数十条，如集狐成腋[⑤]之义。

【注释】

①天目笋：产自杭州临安市天目山的竹笋。

②发卖：出售。

③盖面：堆放在竹篓上层。

④下二寸：往下两寸。

⑤集狐成腋：此处为笔误，应为“集腋成裘”。将狐狸的腋下皮搜集起来，做成柔软的皮袍子，比喻将精华部分聚集到一处，积少成多。腋，狐狸腋下，皮质最为轻软。裘，皮袍。

【点评】

小贩为了吸引主顾，自然是将品相最好的竹笋摆在货筐的最上层，所以天生聪明的袁枚买笋时自然要“买其盖面者”。

玉兰片[①]

以冬笋烘片，微加蜜焉。苏州孙春杨[②]家有盐、甜二种，以盐者为佳。

【注释】

①玉兰片：用鲜嫩竹笋加工的干制品，形状与颜色很像玉兰花瓣。

②孙春杨：应为孙春阳，宁波商人，在苏州开有规模宏大、商品齐全的南货铺，兼卖火腿、蜜饯、酱菜、水产。按：《履园丛话》卷二四《杂记下》载，孙春阳为明朝人，万历年间即在苏州开店，该店在此后两百多年间一直兴盛不衰。

【点评】

玉兰片薄如花瓣，色泽金黄，口味清雅，脆而易化，是很受老人和小孩欢迎的美食。过去加工玉兰片的方法较笨，只能慢慢烘烤，现在科技发达，人们用机器加工，最后还会将半成品放进熏箱里熏蒸。熏蒸时必用硫黄（可防止霉变，延长玉兰片的保质期），而硫黄对健康是有害的。

素火腿

处州[①]笋脯，号“素火腿”，即处片也。久之太硬[②]，不如买毛笋自烘之为妙。

【注释】

①处州：地名，浙江省丽水市的古称。

②久之太硬：笋片放久了会越来越硬。

【点评】

北方不产竹笋，因而小时候读到《儒林外史选粹》中马二先生在西湖茶馆“买了两个钱处片”大为不解，心想“钱处片”是什么东西呢？长大后去南方才知道，原来马二先生买的不是两个“钱处片”，而是两个钱“处片”。

处片者，处州产的笋片是也。与杭州玉兰片不同，处州笋片是晒干而非烘干的：将挖出的鲜笋煮熟，剥去笋衣，压扁暴晒，用刀切片，或者用刨子刮片，再一片片摊在番薯丝帘上晒到干透，或者挂到树上风干。除非碰上阴雨天气，一般不用火炉熏烤，所以处片没有烟火气，颜色也比杭州烘笋浅得多。

宣城笋脯

宣城①笋尖②色黑而肥，与天目笋大同小异，极佳。

【注释】

①宣城：地名，地处安徽东南部。

②笋尖：竹笋的嫩尖部分。

【点评】

宣城笋干也是烘烤而成的，所以“色黑”。

人参笋

制细笋①如人参形，微加蜜水，扬州人重之，故价颇贵。

【注释】

①细笋：又细又长的竹笋。

【点评】

竹笋生长过程中只会变长，不会变粗，其粗细与竹子品种密切相关，如毛竹之笋偏粗大，箭竹之笋偏纤细。做人参笋，应以绿竹笋最为合适，因其形状与粗细更接近人参。

笋油①

笋十斤，蒸一日一夜。穿通其节，铺板上，如作豆腐法，上加一板，压而榨之，使汁水流出，加炒盐②一两，便是笋油。其笋晒干，仍可作脯，天台僧制以送人。

【注释】

①笋油：竹笋被榨出的汁液，颜色暗黑，有特殊芳香味，加盐可代替

酱油。

②炒盐：炒热的大粒海盐。

【点评】

笋油有两种。袁枚说的笋油是做笋干时产生的副产品，其实就是竹笋的汁液。另有一种笋油产于太湖流域，需要专门制作：取春笋中段和尾部，切条或切块，焯水、沥干，放进油锅，小火慢熬，在笋条变黄时停火，放少许盐，此时锅里熟油与笋汁的混合物就是笋油。熬制的笋油比压出来的笋油更香。

糟油[①]

糟油出太仓州[②]，愈陈愈佳。

【注释】

①糟油：见《海鲜单·鳆鱼》注。

②太仓州：比今江苏太仓市为大，清时辖昆山、常熟、嘉定三县。

【点评】

糟油非油，太仓糟油是在尚未完全酿成的米酒中投入多种辛香料并封缸保存一年以上所形成的调味汁，具有极其丰富的咸香、甜香与糟香。家常调制糟油比较简单，将甜酒糟与香油和食盐直接拌匀即成，其风味离陈酿糟油当然差远了。

虾油

买虾子数斤，同秋油入锅熬之，起锅用布沥出秋油[①]，乃将布包虾子，同放罐中盛油[②]。

【注释】

①用布沥出秋油：用布滤虾，使酱油与虾分离开。

②同放罐中盛油：疑为“同放盛油罐中”之误。

【点评】

袁枚不是很了解虾油的制作过程，其实不可能直接用熬的方法提炼虾油。做虾油必须靠阳光暴晒与自然发酵，在长期发酵之后形成虾酱液，然后往发酵缸里冲入盐水，拌成生虾油，再将生虾油入锅烧煮，撇去浮沫，滤净虾渣，如此才能制成色泽黄亮、汁液浓稠、味极鲜美、没有异味的正宗虾油。如果像袁枚说的那样“买虾子数斤，同秋油入锅熬之”，是熬不出虾油来的。

喇虎酱①

秦椒②捣烂，和甜酱蒸之，可用虾米搀入。

【注释】

①喇虎酱：很辣的酱。喇虎，流氓无赖。

②秦椒：产自陕西的辣椒。一说辣椒在明朝时由美洲传入我国，其传播路径不一，陕西秦川平原是重要的陆路传播地，故此秦椒成为辣椒的别称。

【点评】

按学界主流观点，辣椒是在明朝万历年间最先由海路传入我国江浙地区，但是当时食材比较丰富、生活相对富足的江浙人并没有将辣椒作为食材，而是当作观赏植物来欣赏。倒是百余年后，继续西进的辣椒在食物匮乏的贵州万山丛中第一次走上中国人的餐桌，并渐渐影响到云南、湖南、四川、江西等地。到今天为止，江浙人吃辣椒的风气仍然没有形成，稍微一点点辣椒就能让他们大呼受不了。袁枚作为江浙人，平日对辣椒想必也是不敢轻易尝试的，不信看他或者他的老乡给辣椒酱取的名字就知道了——喇虎酱，就是流氓无赖酱啊！

熏鱼子[①]

熏鱼子色如琥珀，以油重[②]为贵，出苏州孙春杨[③]家，愈新愈妙，陈则味变而油枯。

【注释】

①熏鱼子：用鲟鱼卵或其他鱼卵腌成鱼子酱，然后像熏火腿一样熏制，既去腥，又易于保存。

②油重：鱼卵所含油脂丰富。

③孙春杨：见前《玉兰片》注。

【点评】

鱼子酱在日本、法国、美国和俄罗斯都被视为极品美食，加工方法崇尚天然：将从鲟鱼体内掏出的鱼卵清洗干净，筛选分级，滤干以后，适当加盐，真空包装，低温冷藏，最大程度地保持鱼子酱的鲜美口感，绝对不会熏烤。本条“熏鱼子”是用传统熏烤方法加工的国产鱼子酱，与瑞典美食 Creamed Smoked Fish Roe（烟鱼卵膏）的加工方法有些相似。

腌冬菜、黄芽菜

腌冬菜、黄芽菜，淡则味鲜，咸则味恶，然欲久放，则非盐不可。常腌一大坛，三伏时开之，上半截虽臭烂，而下半截香美异常，色白如玉。甚矣[①]！相士[②]之不可但观皮毛也。

【注释】

①甚矣：太重要了。

②相士：看面相、手相或骨相的方士。

【点评】

南方不缺冬菜，所以冬腌菜技术不如北方。像本条食谱中描写的那样，大白菜能腌到上半截臭烂，下半截香美异常，等于半棵白菜白白浪费掉了，有什么可夸耀的呢？看看人家东北辣白菜，也是整棵腌制，能腌得通体淡黄，鲜香酸爽，放一年都不会坏。腌白菜能把上半截腌到臭烂，大概是因为入缸之前没有用盐给白菜脱水吧？清代另一部饮食专著《醒园录》收录了一种比较科学的腌白菜方法，摘抄如下：

"用整白菜，下滚汤烫透就好，不可至熟，放下煮一二滚捞起。取起，先时收贮。煮面汤留存至酸，然后可烫菜装入坛内，用面汤灌之，淹密为度，十多天可吃。"

莴苣[1]

食莴苣有二法：新酱[2]者，松脆可爱；或腌之为脯，切片食甚鲜。然必以淡为贵，咸则味恶矣。

【注释】

①莴苣：俗称"莴笋"，茎叶均可食，嫩茎削皮食之，有竹笋味。

②酱：用酱腌。

【点评】

腌菜最基本的要求是不能坏，其次则是咸淡适中，不能太咸。手艺低劣的管家婆腌菜时一定会拼命放盐，咸到那种"打死卖盐的"地步。为啥非得要这样腌菜呢？因为除了多放盐，她们根本不知道还有什么能让腌菜不腐败的方法。

香干菜

春芥心[1]风干，取梗淡腌，晒干，加酒、加糖、加秋油拌后，再加蒸之，风干入瓶。

【注释】

①芥心：芥菜心。

【点评】

香干一般指豆腐干。这里用腌过晒干的芥菜梗拌料再蒸，颜色、形状与味道都能与香干乱真。

冬芥

冬芥名“雪里红”[1]。一法：整腌，以淡为佳；一法：取心，风干，斩碎，腌入瓶中，熟后杂[2]鱼羹中，极鲜。或用醋煨，入锅中作辣菜亦可，煮鳗、煮鲫鱼最佳。

《植物名实图考》里的芥菜

【注释】

①雪里红：芥菜别称，今通写作“雪里蕻（hóng）”。

②杂：掺入。

【点评】

雪里蕻种子可做芥末，茎叶可以腌菜，根部也能食用。有一种根部膨大的芥菜，俗称“芥菜疙瘩”，根茎可切片腌渍，味道辛辣，宋朝食谱中被称为“芥辣瓜儿”。

春芥

取芥心，风干，斩碎，腌熟入瓶，号称“挪菜”[①]。

【注释】

①挪菜：不解何意，应为杭州俗语。

【点评】

本条食谱过于简略，其实芥菜心是不能直接风干的，它会迅速烂掉，风干之前必须焯水。

芥头

芥根切片，入菜同腌，食之甚脆。或整腌[①]，晒干作脯，食之尤妙。

【注释】

①整腌：不改刀，整根腌制。

【点评】

整腌芥根是很讨巧的，方法如下：

将芥根洗净，控干，一层一层码到缸里。缸底先撒些盐，每层芥根之间也撒一层盐，加入凉水，与芥根齐平，头七天每天翻一次缸，七天后每三四天翻一次缸，一月可成。

芝麻菜[1]

腌芥晒干，斩之碎极，蒸而食之，号“芝麻菜”，老人所宜[2]。

【注释】

①芝麻菜：用极碎芥干做成，因其形状与味道均像芝麻而得名。

②老人所宜：适合老人吃。

【点评】

腌好的芥菜干，有些地方叫“盖菜”，有些地方叫“梅干菜”，多与荤菜搭配，做成梅菜扣肉、梅菜肉末、盖菜眉鱼、盖菜瘦肉粥，很少单独食用。这里将其切成芝麻碎，蒸而食之，不搭配其他食材，实在是比较鲜见的做法。据常理推想，袁枚的家厨做这道菜前，一定将梅干菜放入清水反复漂洗，否则会很咸的。

今日北方另有一种纯用芝麻叶做的芝麻菜，与芥菜无关：摘下新鲜芝麻叶，简单焯烫，洗去叶面上那层黏滑的汁液，沥去水分，切丝凉拌，微苦之中蕴含浓浓的芝麻香。

腐干丝[1]

将好腐干切丝极细，以虾子、秋油拌之。

【注释】

①腐干丝：豆腐干切成的细丝。

【点评】

豆腐干切丝凉拌，又营养又爽口，用它下饭略显淡了些，用来下粥才是妙不可言。淮扬菜系有一道“烫干丝”，豆腐干切丝后还要过清水、放姜丝，再用滚水淋三遍，完全去掉了豆腥气，比普通腐干丝更为绝妙。

将豆干切丝考验刀工，应该先片薄片（片得越薄越好），再切细丝，如果直接切丝，那就只能切成豆腐条了。扬州师傅切干丝，能将一块本来就很薄的豆干片成二十八片，这种水平非下苦功不能达到。

风瘪菜[①]

将冬菜[②]取心风干，腌后榨出卤[③]，小瓶装之，泥封其口，倒放灰上[④]。夏食之，其色黄，其臭[⑤]香。

【注释】

①风瘪菜：风干菜。

②冬菜：冬白菜。

③榨出卤：挤压出腌白菜的咸水。

④倒放灰上：瓶口朝下，放在草木灰上。

⑤臭（xiù）：气味。

【点评】

就像其他所有腌菜一样，白菜心也不可能直接风干，必须先煮一煮。

糟菜

取腌过风瘪菜，以菜叶包之，每一小包，铺一面[①]香糟[②]，重叠放坛内。取食时，开包食之，糟不沾菜，而菜得糟味。

【注释】

①一面：一层。

②香糟：陈放半年以上的黄酒酒糟，香味浓郁，可作调料使用。

【点评】

南方腌白菜的整体水平远不如北方，但是这道匠心独运的糟白菜却只有南方人才能做成功。

酸菜

冬菜心风干微腌，加糖、醋、芥末，带卤[1]入罐中，微加秋油亦可。席间醉饱之余，食之醒脾解酒。

【注释】

①带卤：带着腌菜时产生的盐水卤汁。

【点评】

凉拌白菜心也只有在冬天才好吃，天气一暖和，白菜心就不再甜脆，相反倒有一股臊气。尤其是在盛夏时节，冷藏白菜大半坏了心，原本紧致结实的球心变得松松垮垮，下刀时就能感觉到脆意全无，放进嘴里跟木屑似的。在此提醒诸位朋友，夏天下馆子千万别点凉拌白菜，无论它有多么便宜。

台菜心[1]

取春日台菜心腌之，榨出其卤[2]，装小瓶之中，夏日食之。风干其花，即名“菜花头”，可以烹肉。

【注释】

①台菜心：薹菜。

②榨出其卤：榨去菜薹的苦汁。

【点评】

菜薹生炒有些臊气，还隐隐约约有一点苦，腌过以后就好了。又，“榨去其卤”这道工对腌菜薹成功与否很重要，不把苦汁榨掉，菜薹依然臊苦，还容易坏。

大头菜[1]

大头菜出南京承恩寺[2]，愈陈愈佳，入荤菜中，最能发鲜。

【注释】

①大头菜：芥菜的块根，可作榨菜。

②南京承恩寺：著名寺庙，位于三山街闹市区，始建于明朝景泰年间，今已不存。

【点评】

大头菜是用芥菜的块根做成的，腌制时最重要的工序是“榨”——将块根里的水分尽可能多地压榨出去。

萝卜

萝卜取肥大者，酱一二日[1]即吃，甜脆可爱。有侯尼[2]能制为鲞，剪片如蝴蝶，长至丈许，连翩不断，亦一奇也。承恩寺有卖者，用醋为之，以陈为妙。

【注释】

①酱一二日：用酱或酱油腌一两天。

②侯尼：姓侯的尼姑，法名及生平不详。

【点评】

萝卜用好酱油腌一腌，更甜更脆。如果没有好酱油，哪怕用盐水简单泡一泡，也比不泡就凉拌好吃。

乳腐[1]

乳腐，以苏州温将军庙[2]前者为佳，黑色而味鲜，有干湿二种。

有虾子腐亦鲜，微嫌腥耳。广西白乳腐最佳，王库官[3]家制亦妙。

【注释】

①乳腐：豆腐乳。

②苏州温将军庙：在今苏州市通和坊，供奉道教护法神温琼的道观，又名“温天君庙”“温元帅庙”。

③王库官：名字及生平未知。库官，看管仓库的小吏。

【点评】

豆腐乳口感好，营养高，颜色鲜艳，细嫩香浓，吃起来特别香，深受国人喜爱，是一道经久不衰的佐餐小菜。除了佐餐，腐乳在烹饪中还可以作为调味料，做出多种美味可口的佳肴，如腐乳蒸腊肉、腐乳蒸鸡蛋、腐乳炖鲤鱼、腐乳炖豆腐、腐乳糟大肠等。

酱炒三果[1]

核桃、杏仁去皮，榛子不必去皮，先用油炮脆[2]，再下酱，不可太焦。酱之多少，亦须相物而行。

【注释】

①三果：这里指核桃、杏仁、榛子三种干果。

②炮脆：炸脆。

【点评】

酱炒三果没有吃过，吃过一道类似并且常见的酱炒干果：酱花生。甜面酱和水，将花生米泡透，将花椒、八角、白芷、葱花、蒜末爆香，再加入花生米翻炒，加入清水、老抽，改慢火煮至收汁，花生红亮如玛瑙，入口甜脆，酱香浓郁。

酱石花

将石花[1]洗净入酱中，临吃时再洗。一名“麒麟菜”[2]。

【注释】

①石花：石花菜，又名“鹿角菜”。

②麒麟菜：石花菜形如鹿角，又像传说中的麒麟角，故此得名。

【点评】

杭州和绍兴一带的朋友嗜酱如命，似乎不管什么都想酱一酱再吃。石花菜也要酱一酱，真是令人脑洞大开。

石花糕

将石花熬烂作膏[1]，仍用刀划开，色如蜜蜡。

【注释】

①熬烂作膏：熬成半透明的胶状物。

【点评】

其实只要滤净杂质，用石花菜可以熬出几乎完全透明的胶液，而不止是半透明的蜜蜡。

小松蕈

将清酱同松蕈入锅滚熟[1]，收起，加麻油，入罐中，可食二日，久则味变。

【注释】

①滚熟：大火煮熟。

【点评】

连珍贵无比的松茸也要酱一酱，放在今天会让人咋舌的。

吐蛈

吐蛈[①]出兴化、泰兴。有生成极嫩者，用酒酿浸之，加糖则自吐其油。名为“泥螺”，以无泥为佳。

【注释】

①吐蛈（tiě）：泥螺。按：泥螺，又名“吐铁”，盖取“吐舌含沙，沙黑如铁”之义，袁枚写作“吐蛈”，当属讹误。

【点评】

在宁波经商的同学寄给我两瓶自酿的泥螺，初尝有腥气，但回味鲜香，汁液绵柔微黏如茅台酒，再尝则欲罢不能，真是既下饭又下酒的上品！

海蛰[①]

用嫩海蜇，甜酒浸之，颇有风味。其光者名为“白皮”，作丝，酒、醋同拌。

【注释】

①海蜇：将水母脱水去毒之后的制成品，口感脆嫩。

【点评】

甜酒酿浸海蜇，可以去腥。

虾子鱼[①]

子鱼出苏州，小鱼生而有子[②]，生时烹食之，较美于鲞。

【注释】

①虾子鱼：像虾一样小的子鱼。子鱼，即鲻（zī）鱼，形似青鱼，鱼

卵可作鱼子酱。

②生而有子：出生不久就有鱼卵。

【点评】

子鱼即鲻鱼，鱼卵量大而且味美，又比用乌贼卵加工的乌鱼子、用鲟鱼卵加工的鱼子酱等高档食材便宜得多。宋人王得臣《麈史》载："闽中鲜食最珍者，所谓子鱼者也，长七八寸，阔二三寸，剖之，子满腹，冬月正其佳时。"说明宋朝人已经注意并品尝到了鲻鱼。

从形态上看，鲻鱼与青鱼极像。当年奸相秦桧让妻子王氏进宫拜见宋高宗的亲妈韦太后，问老太后爱吃什么，太后说喜欢吃大个的鲻鱼，可是进贡上来的鲻鱼太小了，她老人家吃得不满意。王氏当即拍胸脯承诺："妾家有之，当以百尾进。"那还不简单，我们家就有大的，明天给您带一百只过来。王氏出宫回家，给秦桧说了这件事，秦桧脸都气黄了："你傻啊你，怎么能说咱家的鲻鱼比宫里的还大呢？臣子阔过皇帝，这会给我们带来抄家灭族大祸的！"王氏慌了神："那可怎么办？"秦桧想出一个妙招儿，他找来一百只青鱼，让王氏送到了宫里，就说那是鲻鱼。韦太后吃过见过，当然知道真假，她指着王氏的鼻子哈哈大笑："你说你们家有鲻鱼，我压根儿不信，原来你说的鲻鱼就是青鱼啊！"王氏叩头谢罪，连说自己没见过世面，一场危机就这样化解了。

酱姜

生姜取嫩者，微腌，先用粗酱[①]套之[②]，再用细酱[③]套之，凡三套而始成。古法用蝉退[④]一个入酱，则姜久而不老。

【注释】

①粗酱：普通酱。

②套之：涂抹全身。

③细酱：优质酱。

④蝉退：蝉蜕。

【点评】

用酱腌姜，无需如此麻烦，还有更为简单有效的方法，那就是把姜片放到酱缸里，半年后取出，准是爽脆咸香，生姜的辛辣完全消失。

蝉蜕入酱可以延长腌酱的保质期？应该没有科学道理。

酱瓜

将瓜腌后，风干，入酱，如酱姜之法，不难其甜而难其脆[①]。杭州施鲁箴[②]家制之最佳。据云：酱后晒干又酱，故皮薄而皱，上口脆。

【注释】

①不难其甜而难其脆：不怕它不甜，就怕它不脆，意思是酱到发甜很容易，酱到很脆就难了。

②施鲁箴：杭州富商。

【点评】

想让酱瓜保持既甜又脆的口感，并不需要什么秘籍，只要用心，人人可以做到。首先选料要好，新摘的小黄瓜，顶花带刺，是做好酱瓜的标配，千万不可以在用料上将就，用一批蔫瓜和老瓜；其次工序要够，黄瓜入缸前三氽三烫，才能一直保持脆嫩的质地。我们在市面上购买酱瓜，往往咸得要死，既不脆也不甜，并非因为做酱菜的都是笨蛋，而是因为他们采购原料时图便宜，处理原料时图省事，一味压低成本，只能做出劣质的酱瓜。

新蚕豆[1]

新蚕豆之嫩者，以腌芥菜炒之甚妙，随采随食方佳。

【注释】

①新蚕豆：刚结的蚕豆。

【点评】

蚕豆又名“罗汉豆”，最常见的吃法是加盐煮熟，像吃毛豆那样剥壳来吃。蚕豆炒芥菜，须将蚕豆剥洗干净，开水焯过，否则有豆腥气。

腌蛋

腌蛋以高邮[1]为佳，颜色红而油多，高文端公[2]最喜食之，席间先夹取以敬客。放盘中，总宜切开带壳，黄白兼用，不可存黄去白，使味不全，油亦走散。

【注释】

①高邮：隶属扬州，所产咸鸭蛋最为著名。

②高文端公：高晋，清朝大臣，乾隆爱妃的堂兄弟，官至文华殿大学士，谥文端，生前与袁枚有诗酒往来。

【点评】

高邮咸鸭蛋至今驰名天下，不知道吃法也这么有讲究：切开带壳，黄白兼用，且不论味道如何，这样摆盘肯定比剥壳后再切开，蛋黄与油脂沾得盘底到处都是要好看。

混套[1]

将鸡蛋外壳微敲一小洞，将清黄[2]倒出，去黄用清，加浓鸡卤煨就者[3]拌入，用箸打良久，使之融化，仍装入蛋壳中，上用纸封好，饭锅蒸熟，剥去外壳，仍浑然一鸡卵。此味极鲜。

【注释】

①混套：指将鸡汤混入鸡蛋以代蛋黄，重新制成的混合鸡蛋。

②清黄：蛋清与蛋黄。

③浓鸡卤煨就者：炖好的浓鸡汤。

【点评】

按照袁枚的描述亲自尝试：在蛋壳上敲一个小口，倒出蛋清蛋黄，把蛋清和蛋黄分开，往盛蛋清的碗里加一些浓鸡汤，搅拌均匀，灌入蛋壳，贴纸封口，上锅蒸熟。从外面看起来是个鸡蛋，可是剥开会发现只有一个浑浊的蛋白，并不像鸡蛋本来那样蛋白与蛋黄泾渭分明。不解何故，或许是因鸡汤还不够浓的缘故？

茭瓜脯

茭瓜[1]入酱，取起风干，切片成脯，与笋脯相似。

【注释】

①茭瓜：茭白。在不同方言的区片，茭瓜分别表示不同的蔬菜，如关东方言中的茭瓜指西葫芦，江南方言中的茭瓜指茭白。

【点评】

南方民间晒茭白干，系将茭白去皮，放入滚水中煮几分钟，捞出切丝或切片，用火烘干，或加盐晒干，可以长期保存。袁枚笔下的茭白干制法较为麻烦，先将整根茭白用酱腌透，再取出切片，挂起来，像做腊肉那样风干。

牛首[1]腐干

豆腐干以牛首僧制者为佳，但山下卖此物者有七家，惟晓堂和尚家[2]所制方妙。

【注释】

①牛首：地名，指南京牛首山。

②晓堂和尚家：以晓堂和尚为住持的寺院。

【点评】

《儒林外史》第五十五回，南京市民盖宽与邻居老爹在茶馆里“吃了一卖牛首豆腐干”，正是本条食谱所赞美的“牛首腐干”。《儒林外史》作者吴敬梓与袁枚同时代，且同住南京，由于性情不同，两人互不来往，不过却在小吃上达成了一致，可见英雄所见略同。

不知道今日南京有没有牛首豆腐干传承下来，以后去南京夫子庙游玩时一定要特意留心。

酱王瓜[1]

王瓜初生时，择细者腌之入酱，脆而鲜。

【注释】

①酱王瓜：酱黄瓜。此书中“王瓜”出现两次，一为葫芦科王瓜，一为黄瓜。

【点评】

笔者家乡河南杞县最有名的特产就是酱黄瓜。选料特别讲究，要在凌晨时分采摘雨露滋润过的、身上带绒毛的、顶花带刺、拇指粗细、五六寸长的乳黄瓜。将乳黄瓜洗净晾干，加入特制的甜面酱中，定期搅动，黄瓜会由翠绿变成深绿，遍体透出酱色时，表示酱黄瓜已经制成。

点心[1]单

梁昭明以点心为小食[2]，郑傪嫂劝叔且点心[3]，由来旧矣，作《点心单》。

【注释】

①点心：正餐之外的主食，如早点、茶点、宵夜，均属此类。

②“梁昭明”句：语出《梁书·昭明太子统传》：“普通中，大军北讨，京师谷贵，太子因命菲衣减膳，改常馔为小食。”梁昭明，南北朝时梁朝的昭明太子，名萧统，嗜读书，生活简朴，未即位而卒。

③“郑傪（cān）嫂”句：语出《能改斋漫录》卷二《事始·点心》：“唐郑傪为江淮留后，家人备夫人晨馔，夫人顾其弟曰：‘治妆未毕，我未及餐，尔且可点心。’”郑傪，唐武宗时大臣。

【点评】

现在一说点心，人们总会想到糖果、水果、巧克力、小蛋糕、糖葫芦、冰激凌诸如此类的餐前或餐后甜点。其实点心本来属于动词，指的是在上下两顿正餐之间补充一些食物，以此抚慰饥渴的肠胃，后来则代指所有的非正餐，又以主食为主，其词义相当于西班牙饮食概念 Tapas。如《水浒传》中武松在孙二娘开的十字坡酒店打尖，问孙二娘有什么吃的，孙二娘说有“好大馒头”，武松便道：“把二三十个来做点心！”

本章中的芝麻团、青团、雪花糕、白果糕属于点心，而面条、馒头、包子、烧饼、米饭等今天的主食其实更是点心大家族的成员。古今饮食概念如此不同，不可不知。

鳗面

大鳗一条蒸烂，拆肉去骨，和入面中，入鸡汤清揉之[①]，擀成面皮，小刀划成细条，入鸡汁、火腿汁、蘑菇汁滚。

【注释】

①入鸡汤清揉之：只加鸡汤不加水，揉成面团。

【点评】

日式料理中的鳗鱼面与此类似，也是将鳗鱼肉与面粉、蛋清一起揉成面团，擀切成面，下汤煮熟。和面时最好将鳗鱼打成细茸，不然面团不匀，无法擀切。

日式料理中还有一款“蒲烧鳗鱼面”，鳗鱼肉并不和到面粉里去，只是用烧好的鳗鱼块做浇头，不像前款鳗鱼面那样肉面合一。

温面

将细面下汤沥干[①]，放碗中，用鸡肉、香蕈浓卤。临吃，各自取瓢加上[②]。

【注释】

①下汤沥干：滚水煮熟，捞出控干。

②各自取瓢加上：每碗面里各加一瓢水，使浓卤稀释，与面拌匀可食。

【点评】

这道温面在豫东平原叫“热捞面”，因为卤料直接拌在面上，所以味道比热汤面要浓。

鳝面

熬鳝成卤，加面再滚[1]。此杭州法。

【注释】

①加面再滚：鳝汤里下入面条，然后再煮一滚。

【点评】

用鳝鱼汤下的汤面，汤浓面香有营养，难点在于去除鳝鱼的腥味，汤里不妨多放胡椒粉。

裙带面[1]

以小刀截面成条，微宽，则号“裙带面”。大概作面，总以汤多为佳，在碗中望不见面为妙，宁使食毕再加[2]，以便引人入胜。此法扬州盛行，恰甚有道理。

【注释】

①裙带面：因宽如裙带而得名，如今日西安之“裤带面”。

②食毕再加：指碗内汤多面少，面条吃完可再盛。

【点评】

西安面食中有“裤带面”，宽如皮带，差不多有半个巴掌那么宽了，比本条“裙带面”宽得多。南人吃面，没有关西人豪气。

素面

先一日[1]将蘑菇蓬[2]熬汁定清[3]，次日将笋熬汁，加面滚上。此法扬州定慧庵僧人制之极精，不肯传人，然其大概亦可仿求：其纯黑色的，或云暗用虾汁、蘑菇原汁，只宜澄去泥沙，不重[4]换水，否则原味薄矣。

【注释】

①先一日：提前一天。

②蘑菇蓬：蘑菇的菌盖，又叫“蘑菇伞”。

③熬汁定清：熬出高汤，让其中杂质自然沉淀，逐渐变得清澈。

④重（chóng）：多次。

【点评】

用一天时间熬蘑菇汤，再用一天熬笋汤，两种素高汤合二为一，拿来下面条，如果面条竟然不美味，简直没天理。有细致工夫做这种面的，除了达官显贵、富商大贾，那就只剩不用上班、衣食无忧的出家人了。

蓑衣饼[①]

干面用冷水调，不可多揉，擀薄后，卷拢再擀薄了，用猪油、白糖铺匀，再卷拢擀成薄饼，用猪油煎黄。如要咸的，用葱、椒盐亦可。

【注释】

①蓑衣饼：江南传统名吃，在清代杭州与苏州均能见到，现已失传。

【点评】

《儒林外史》第十四回，马二先生游西湖，“看见有卖的蓑衣饼，叫打了十二个钱的饼吃了，略觉有些意思”。现在看完蓑衣饼的做法，猪油薄饼猪油煎，有甜有咸，酥脆异常，马二先生只是“略觉有些意思”，他老人家真不懂得欣赏。

此饼所以得名“蓑衣”，并非象形，而是因为吴语中“酥油”一词与“蓑衣”谐音，故此从“酥油饼”讹传为“蓑衣饼”。最近几年有人根据

《随园食单》开发古代食品，将蓑衣饼搞得真跟蓑衣似的，属于望文生义之误。

虾饼

生虾肉、葱盐、花椒、甜酒脚[1]少许，加水和面，香油灼透。

【注释】

①甜酒脚：喝剩下的糯米甜酒。

【点评】

虾仁切细，拌料和面，拍成小饼，用芝麻油煎熟，这道虾饼成本也是蛮高的。

薄饼

山东孔藩台[1]家制薄饼，薄若蝉翼，大若茶盘，柔腻绝伦。家人如其法为之，卒不能及，不知何故。秦人[2]制小锡罐，装饼三十张，每客一罐，饼小如柑，罐有盖，可以贮馅，用炒肉丝，其细如发，葱亦如之，猪羊并用，号曰“西饼”。

【注释】

①山东孔藩台：指乾隆朝大臣孔传炣，字振斗，号南溪，山东曲阜人，与袁枚同年中进士，官至江宁布政使，乾隆四十四年（1779）去世，袁枚有祭文。

②秦人：陕西人。

【点评】

袁枚出生前，另一位江南才子李渔说过：“糕贵乎松，饼利于薄。”糕是越松软越好吃，饼是越薄越美味。孔藩台家的饼像蝉翼一样薄，将

“饼利于薄”这四字要诀发扬到了极致。宋初大臣陶穀曾在著作《清异录》中描述“金陵七妙”，其中一妙即“饼可映字”——把一张饼蒙到书页上，竟然可以看清楚下面的字！

松饼

南京莲花桥教门方店[①]最精。

【注释】

①教门方店：方姓穆斯林开的店。

【点评】

松饼通常是指松软蓬松的甜饼，如西式松饼多用白糖、牛奶、黄油、泡打粉，使低筋面团在受热时迅速膨大；中式松饼则用猪油与白糖和面，松软程度不如西式松饼，但是软中带韧，吃起来弹牙。

面老鼠

以热水和面，俟鸡汁滚时，以箸夹入，不分大小[①]，加活菜心[②]，别有风味。

【注释】

①不分大小：夹入的面团可大可小。

②活菜心：新鲜的白菜心。

【点评】

做面老鼠，面要烫，汤要多，用大铜筷子夹起下锅，面团藕断丝连，拖起一条长长的细尾巴，有些像老鼠。还有一种与之相近的面食叫“面蝌蚪”，系用凉水和面，调成稀糊，用漏勺舀起下锅，面糊从漏勺的窟窿眼儿中噗哒噗哒漏下去，一个个头大尾小，就像一群小蝌蚪在锅里游来游去。

面老鼠用鸡汤下，捞出即食，不用另加浇头。面蝌蚪则是白水煮熟的，捞出过水，需要调味，加白醋、香油、食盐、味精，浇以清汤，撒香菜末。

颠不棱[1]（即肉饺也）

糊面[2]摊开，裹肉为馅蒸之，其讨好处[3]全在作馅得法，不过肉嫩去筋作料而已。余到广东，吃官镇台[4]颠不棱甚佳，中用肉皮煨膏[5]为馅，故觉软美。

【注释】

①颠不棱：英语 dumpling 的音译，指饺子。

②糊面：用热水和的烫面，因其较糊较黏，故又名“糊面”。

③讨好处：讨人欢喜的地方。

④官镇台：指满洲武将官福，此人曾任广东总兵。镇台，清朝时对总兵的敬称。

⑤肉皮煨膏：用猪肉的厚皮熬出猪油。

【点评】

颠不棱就是饺子，饺子没什么稀奇，稀奇的是为什么袁枚不写成饺子，却写成“颠不棱”呢？因为他是在广东吃到的。清代西风东渐，广东首当其冲，身为广东总兵的官福官大人免不了学两句洋话，当袁枚对那道烫面蒸饺赞不绝口的时候，官大人很可能忍不住冒出来一句刚刚学会的英文：“dumpling!”咱们的袁大才子却不懂英文啊，以为这就是眼前面点的名称，于是用汉字照录下来，于是“颠不棱”横空出世。

韭合[1]

韭菜切末拌肉，加作料，面皮包之，入油灼之[2]。面内加酥[3]更妙。

【注释】

①韭合：韭菜盒子。

②入油灼之：放在油锅里炸。

③酥：奶油。

【点评】

韭合极其常见，和面擀皮时放奶油却不常见，应该是加入了满族面点的元素。

糖饼（又名面衣）

糖水溲面[1]，起油锅令热，用箸夹入，其作成饼形者，号“软锅饼”。杭州法也。

【注释】

①溲面：和面。

【点评】

北方也有糖饼，糖没有和在面里，夹在一大一小两张饼中间，然后卷边裹起，擀成一张薄饼。

烧饼

用松子、胡桃仁敲碎，加糖屑、脂油和面炙之，以两面烤黄为度，面加芝麻。叩儿[1]会做，面罗至四五次[2]，则白如雪矣。须用两面锅[3]，上下放火，得奶酥更佳。

【注释】

①叩儿：袁枚的家厨，见王英志所辑《袁枚日记》："许星河移樽，即用叩儿烹庖，所费不过三千六百文，菜颇佳，唯鸡粥一样不好。……移樽在寓，吃午饭，亦叩儿代办。"

②面罗至四五次：面粉过筛，筛四五遍。

③两面锅：双面铁锅，中有转轴，可以翻转。

【点评】

和面时加入糖粉和猪油，是南方烧饼的典型做法，软香酥口，与以焦脆为美的北方烧饼相比另有一番风味。

千层馒头

杨参戎[1]家制馒头，其白如雪，揭之如有千层，金陵人不能也。其法扬州得半，常州、无锡亦得其半。

【注释】

①杨参戎：杨参将。参戎，明清文人对参将的雅称，品级在总兵、副总兵、副将以下。

【点评】

多层馒头并不像袁枚说的那样神秘难学。一半烫面，一半生面，分别擀皮，叠在一起，然后从一端卷起，搓成筒状，再从两端对卷至中央，再擀压成皮，卷成长筒……如此这般反复多次叠压卷起，最后搓成馒头，蒸熟后掰开，就会看到很多分层。

面茶[1]

熬粗茶汁，炒面兑入，加芝麻酱亦可，加牛乳亦可，微加一撮盐。无乳则加奶酥、奶皮亦可。

【注释】

①面茶：茶汤与芝麻、菜叶、核桃仁等食材同煮，可作主食，又称“油茶”。

【点评】

大江南北皆有面茶，但北方面茶往往并无茶汤，纯用面粉、谷粒、芝麻、菜叶等熬煮而成，实际上不应该叫做面茶，而应叫做面汤。

杏酪

捶杏仁作浆，校[①]去渣，拌米粉，加糖熬之。

【注释】

①校：过滤。

【点评】

杏酪即杏仁茶，主料为磨碎的杏仁粉或者杏仁浆，辅料为花生、白糖、米粉、桂花、葡萄干等等。现代杏仁茶方便快捷，用沸水冲点即成，古代则须煮熟或蒸熟。如朱彝尊《食宪鸿秘》：“京师甜杏仁用热水泡，加炉灰一撮，入水，候冷，即捏去皮，用清水漂净，再量入清水，如磨豆腐法带水磨碎。用绢袋榨汁去渣，以汁入调、煮熟，加白糖霜热啖。”清末薛宝辰《素食说略》：“糯米浸软，淘极碎，加入去皮苦杏仁若干，同淘细，去渣煮熟，加糖食。”

粉衣

如作面衣[①]之法，加糖、加盐俱可，取其便也[②]。

【注释】

①面衣：江苏常熟的传统面点，用菜末与面糊拌匀油煎而成。

②取其便也：根据自己的喜好。

【点评】

小时候在豫东老家，母亲经常给我们做一道名为“面托”的煎饼：冷水和面，打进去一两个鸡蛋，放适量盐，搅成稀稀的面糊，用油锅煎到两面金黄，吃起来很软很香。

江苏常熟也有一种类似的煎饼，叫做“面衣”，系将蔬菜切得细碎，拌到面糊里，然后煎熟，切块，卷成小卷，像吃煎饼果子一样往嘴里送。根据所用蔬菜的不同，常熟面衣又可以分为“韭菜面衣”“芹菜面衣”“白菜面衣”“草头面衣”等等。其中“草头”指的是苜蓿，在常熟面衣中最为常见。

袁枚中晚年定居南京，距常熟不远，他肯定吃过面衣并知道面衣的做法。不过他在这里另辟蹊径，将面粉换成了米粉，将面衣改造成了“粉衣”。米粉可比面粉容易黏锅，所以煎的时候一定要多放油。

竹叶粽

取竹叶裹白糯米煮之，尖小[①]如初生菱角。

【注释】

①尖小：又尖又细。

【点评】

竹叶裹糯米是最普通的粽子，其实糯米里还可以再裹其他东西，如火腿、腊肉、花生、大枣、荸荠、三文鱼……人们常说湖州粽子天下第一，不过我觉得嘉兴的肉粽才是最好吃的美味。最近几年每次去嘉兴，必去老城区的早点摊上买两个硕大无朋的火腿粽，一个当早餐，另一个打包带回酒店。

萝卜汤圆

萝卜刨丝[①]滚熟，去臭气[②]，微干，加葱、酱拌之，放粉团[③]中作馅，再用麻油灼之，汤滚亦可[④]。春圃方伯[⑤]家制萝卜饼，叩儿[⑥]学会，可照此法作韭菜饼、野鸡饼试之。

【注释】

①刨丝：用密布尖刺和小孔的铁刨刮成细丝。

②臭气：指生萝卜被切碎或咀嚼时形成的异硫氰酸酯等臭味物质，经煮熟可释放出去。

③粉团：裹汤圆的米坯。

④汤滚亦可：用滚水煮熟也是一样。

⑤春圃方伯：查上海图书馆藏《慈溪竹江袁氏宗谱》，应为江宁布政使袁鉴。此人系袁枚堂弟，号春圃，历任道台、按察使、布政使。故在其升任布政使之前，《随园诗话》谓之“吾弟春圃”“家春圃观察”，任布政使后则改称“春圃方伯”。

⑥叩儿：袁枚家厨，见前《烧饼》注。

【点评】

萝卜炖肉最佳，包汤圆难除异味，所以要刮成细丝，滚水焯过，再用热油拌一拌，否则咬开每一颗汤圆，都会有铺天盖地的生萝卜气冲进鼻子。

水粉[①]汤圆

用水粉和作[②]汤圆，滑腻异常，中用松仁、核桃、猪油、糖作馅，或嫩肉去筋丝捶烂，加葱末、秋油作馅亦可。作水粉法：以糯米浸水中一日夜，带水磨之，用布盛接，布下加灰[3]，以去其渣，取细粉，晒干用。

【注释】

①水粉：选用浸泡过的优质糯米，加水磨成米浆，经简单过滤，晾干后即成。

②和作：和成。

③布下加灰：盛接米浆的纱布下面再垫上一层厚厚的草木灰（其主要功能是吸走米浆里的水分，使米粉尽快结块）。

【点评】

米粉有干磨和湿磨之分。湿磨米粉比干磨米粉更软更糯更滑，是做汤圆和年糕的好材料。

脂油[1]糕

用纯糯粉拌脂油，放盘中蒸熟（加冰糖捶碎入粉中[2]），蒸好，用刀切开。

【注释】

①脂油：动物的脂肪，这里指猪油。

②加冰糖捶碎入粉中：将敲成粉末的冰糖放入米粉搅匀。

【点评】

脂油糕俗称“猪油糕”，是福建、广东、浙江等地的特色糕点，蒸好后呈玉白色，软糯如凉粉，甜而不腻。

雪花糕

蒸糯饭捣烂，用芝麻屑[1]加糖为馅，打成一饼，再切方块。

【注释】

①芝麻屑：炒熟并擀碎的芝麻。

【点评】

苏式雪花糕只用糯米、芝麻和白糖，打成后切成方块，光洁如玉，给人一种清新高雅的感觉。山西榆次也有一种雪花糕，同样用糯米、芝麻和白糖做原料，同时又掺入青红丝，表面用桂花汁和玫瑰汁染色，看着热闹喜庆。近年洋点心大举入侵，我们在一些甜品店里还能见到来自南洋的雪花糕，造型与苏式雪花糕很像，但其原料是牛奶、椰汁和奶油，将这些原料熬至交融，放凉后入冰箱冷藏，成型后切成方块。

软香糕[①]

软香糕，以苏州都林桥为第一；其次虎丘糕[②]，西施家[③]为第二；南京南门外报恩寺则第三矣。

【注释】

①软香糕：江南传统点心，松糯香甜，有薄荷香味。

②虎丘糕：苏州虎丘一带的软香糕。

③西施家：店名。

【点评】

《儒林外史》第二十九回，富家公子杜慎卿请客喝酒，酒后主食是“猪油饺饵、鸭子肉包的烧卖、鹅油酥、软香糕”，每样摆了一盘，杜慎卿让客人享用，自己“只吃了一片软香糕和一碗茶”。按：软香糕在南京经常作为消夏零食，软香甜糯，清凉爽口，系用糯米粉、粳米粉、白绵糖与薄荷加工而成。

百果糕

杭州北关外卖者最佳，以粉糯[①]，多松仁、胡桃[②]，而不放橙丁者为妙。其甜处非蜜非糖[③]，可暂可久[④]。家中不能得其法。

【注释】

①粉糯：米粉软糯。

②胡桃：核桃。

③非蜜非糖：既不像蜜，又不像糖。

④可暂可久：存放时间可长可短。

【点评】

百果糕用糯米粉、核桃仁、熟芝麻加各种蜜饯加工而成，堪称“江南版”切糕。

栗[①]糕

煮栗极烂，以纯糯粉加糖为糕蒸之，上加瓜仁、松子。此重阳小食[②]也。

【注释】

①栗：板栗。

②重阳小食：重阳节期间吃的零食。

【点评】

重阳节吃栗糕，这种风俗至少从南宋时就已经形成。《梦粱录》卷五《九月》：“蜜煎局以五色米粉成狮蛮，以小彩旗簇之，下以熟栗子肉杵为细末，入麝香、糖、蜜和之，捏为饼糕小段，或如五色弹儿，皆入韵果糖霜，名之狮蛮栗糕。”

青糕青团[1]

捣青草为汁，和粉作粉团，色如碧玉。

【注释】

①青糕青团：青糕即青团，用艾草或者雀麦的绿色汁液调和米粉做成的团子，过去江南地区清明节期间的节令食品。

【点评】

青团是江南传统小吃，即青色的糯米丸子。青色是用青草的汁液染成的。把鲜嫩的艾草或者雀麦榨出汁液，用来拌匀糯米粉，再裹上豆沙馅儿，表面刷油，上笼蒸熟。这道小点心翠绿可爱，飘散出清淡而悠长的田野气息。

合欢饼

蒸糕为饭[1]，以木印[2]印之，如小珙璧[3]状，入铁架煎之，微用油方不黏架[4]。

【注释】

①蒸糕为饭：应系“蒸饭为糕”之误。

②木印：木制的模具。

③珙（gǒng）璧：先秦祭祀时所用的大型玉器，圆形，中有圆孔。一作“拱璧”，拱，两手拇指尖与食指尖合围，形容玉璧之大。

④微用油方不黏架：饼皮上稍微抹点油，才不会黏到铁架上。

【点评】

合欢饼已失传，做合欢饼的模具也不存在了。考其形制，大约是中空的，形如两手合围而成的爱心造型。

鸡豆[①]糕

研碎鸡豆，用微粉[②]为糕，放盘中蒸之。临食，用小刀片开。

【注释】

①鸡豆：芡实，俗称“鸡头米”。

②微粉：少量米粉。

【点评】

鸡豆微甜，略有涩味，拌糯米粉做糕时，一般还要放些白糖。制成品今称“芡实糕”。现为浙江嘉善西塘特产。

鸡豆粥

磨碎鸡豆为粥，鲜者最佳，陈者亦可，加山药、茯苓[①]尤妙。

【注释】

①茯（fú）苓（líng）：一种真菌，多孔菌科，生于地下，呈球形或椭圆形，外皮棕褐色，有皱纹，于夏秋之交开挖，可以入药。

【点评】

中医认为芡实补气益精，但是不宜生吃，必蒸煮极熟，细嚼慢咽，方有药效。清代名医王士雄《随息居饮食谱》云：“芡实鲜者盐水带壳煮，而剥食亦良，干者可为粉作糕，煮粥代粮。”本条食谱中用芡实加山药、茯苓熬粥，而比袁枚稍早的清代学者朱彝尊在其著作《食宪鸿秘》中则建议“兑米煮粥”，即将芡实与大米掺在一起熬煮。

金团

杭州金团：凿木为桃、杏、元宝之状[①]，和粉搦[②]成，入木印中便成。其馅不拘荤素。

【注释】

①凿木为桃、杏、元宝之状：用木头雕刻成桃子、杏子、元宝等花纹的模具。

②搦（nuò）：握，捏。

【点评】

本条叙述过于简略，如果不是老杭州人和老宁波人，可能完全看不懂“金团”到底是什么东西，更不明白它是怎么做出来的。事实上，金团就是青团的“升级版”：用青草汁液拌匀糯米粉，捏成团子，放进模具的凹槽里按一按，再取出来，团子底部就有了好看的图案。在此之前，凹槽的底部已经撒满了金黄的松花粉，所以本来颜色翠绿的团子再取出来时就变成了金黄色，上笼蒸熟，即成金团。

那么什么是松花粉呢？就是每年清明节前后从松树金黄色花穗上采下来的花粉。这种花粉不仅能让青团披上一层富贵的外衣，更有着迷人的清香与甘甜。

麻团[①]

蒸糯米，捣烂为团，用芝麻屑拌糖作馅。

【注释】

①麻团：芝麻团。

【点评】

前述青团、金团、鸡豆，均属江南特有，而芝麻团则是走红于大江南北的常见小点心。北方芝麻团多炸成金黄色，外脆里酥，可惜稍嫌油腻。记得2014年在上海南翔一家茶餐厅里吃过一道“空心麻团”，糯米粉里加了泡打粉，滚上黑芝麻，不过油，在烤箱里烤熟，吃起来特别香甜。

芋粉团

磨芋粉，晒干，和米粉用之。朝天宫道士制芋粉团，野鸡馅[1]，极佳。

【注释】

①野鸡馅：在芋头粉坯里包入用野鸡肉做的馅。

【点评】

糯米粉里掺入芋头粉已经很少见了，不裹豆沙而裹野鸡馅儿，更加稀奇。可惜现在买到的野鸡也都是人工养殖的，否则可以一试。

熟藕

藕须贯米[1]加糖自煮，并汤[2]极佳。外卖者多用灰水[3]，味变，不可食也。余性爱食嫩藕，虽软熟而以齿决[4]，故味在也。如老藕一煮成泥，便无味矣。

【注释】

①贯米：同“灌米”。

②并汤：连汤。

③灰水：用草木灰或者石灰调的碱水。

④齿决：牙咬。

【点评】

莲藕切段，往藕眼儿里灌入糯米，在糖水里煮熟，是为“糯米莲藕”。小时候在农家婚宴上最喜欢吃这道菜，又甜又糯。按文化寓意，莲藕与“连偶”同音，寓意共结连理、百年好合。莲藕不易熟，煮起来费火，放些食用碱进去，很快就软了。不过袁枚不喜欢莲藕变软，他要求熟了以后仍能保持脆脆的口感和甜甜的味道，故此他们家煮藕从不放碱。

藕粉、百合粉[1]

藕粉非自磨者，信之不真[2]。百合粉亦然。

【注释】

①百合粉：用百合根晒干磨成的粉。

②信之不真：不相信它会是真的。

【点评】

藕粉掺假，古今皆然。过去是往里面掺淀粉、木薯粉，现在糖都比藕粉便宜了，所以奸商们除了往里面掺淀粉外，还会掺一些白糖。藕粉本身并不甜，如果您买来的藕粉吃起来甜甜的，甭问，掺糖了。

新栗[1]、新菱[2]

新出之栗，烂煮之，有松子仁香。厨人不肯煨烂，故金陵人有终身不知其味者。新菱亦然，金陵人待其老方食故也。

【注释】

①新栗：新结的板栗。

②新菱：新结的菱角。

【点评】

袁枚生在杭州，住在南京，对南京这座城市，他有时候是鄙视的，总觉得食材不如杭州丰富，饮食不如杭州精美。前面《须知单》中讥讽南京人用蟹粉配鱼翅，《江鲜单》中嘲笑南京人用油炸方式烹刀鱼，《水族有鳞单》中认为不认识土步鱼的南京人“可发一笑”，现在又说南京人吃不到新鲜的栗子，不懂得食用鲜嫩的菱角……总而言之，他忍不住会对南京和南京人流露出地域歧视。有时候我会想，幸亏袁枚不是上海人，否则他这部《随园食单》岂止对南京有歧视，对全国各地都会有歧视的。

莲子

建莲[1]虽贵，不如湖莲[2]之易煮也。大概小熟，抽心去皮，后下汤，用文火煨之，闷住合盖[3]，不开视，不可停火。如此两炷香，则莲子熟时不生骨[4]矣。

【注释】

①建莲：福建产的莲子。

②湖莲：太湖流域的莲子。

③合盖：盖上锅盖。

④生骨：僵硬，咬不动。

【点评】

莲子好吃，就是难以收拾。拿一只莲蓬在手，你得剥开吧？剥出了莲子，你得去皮吧？去过了硬皮，你还得把莲芯抽出来吧？袁枚说“抽心去皮”，此之谓也。樱桃好吃树难栽，不下苦功花不开，亦此之谓也。

据北宋苏象先《丞相魏公谭训》记载，开封曹门外有一条巷子，几十家居民全部从事剥莲子的工作。“盖夏末梁山泊诸道载莲蓬百余车，皆投此巷，碓取其肉，货于果子行。”每年夏末从山东梁山泊运来一百多车莲蓬，就靠这几十户人家“抽心去皮”，加工成可供全城食用的莲子，真是辛苦之极。

当然，现在科技发达，我们有了剥莲子的机器甚至生产线，去壳、磨皮、钻芯、分级，统统交给机器去做，效率高多了。

芋

十月天晴时，取芋子[①]、芋头[②]，晒之极干，放草中，勿使冻伤。春间煮食，有自然之甘。俗人不知。

【注释】

①芋子：很小的芋头，约乒乓球大小。

②芋头：此处指大芋头。

【点评】

干草堆里放芋头，在江南可以过冬，在北方则不然，零下一二十摄氏度的低温，多么厚的干草都是挡不住的。芋头在北方怎么存放呢？传统做法是窖藏，就像窖藏红薯那样。

萧美人[①]点心

仪真[②]南门外萧美人善制点心，凡馒头、糕、饺之类，小巧可爱，洁白如雪。

【注释】

①萧美人：一位姓萧的名妓。

②仪真：今江苏仪征。

【点评】

袁枚这个人风流好色，六十二岁那年还在纳妾，六十七岁那年还专程去苏州“考察”妓馆……论好色指数，他在清代文人当中名列前茅，绝对不亚于李渔。不过袁枚好色并非皮肤滥淫，或者更确切地说，并不限于皮肤滥淫，对倾心的侍妾和妓女，他可能会付出真情，甚至还可能会用自己的金钱和声名去捧红人家，就像现在有的富豪愿意尽其所能去捧红某个小明星一样。我们看到的这个“萧美人点心”并无做法，只有具体的地址、人名和对食物的赞美，其实它就是一则广告，是袁枚为“萧美人”写的软广告。

刘方伯①月饼

用山东飞面②作酥为皮，中用松仁、核桃仁、瓜子仁为细末，微加冰糖和猪油作馅，食之不觉甚甜，而香松柔腻，迥异寻常。

【注释】

①刘方伯：方伯，布政使别称。查《清代职官年表》，乾隆朝刘姓布政使有刘益、刘慥（zào）、刘墫（zūn）等人，其中与袁枚交好者仅江宁布政使刘墫一人，故“刘方伯”应为刘墫。

②飞面：颗粒极细、可随风飘飞的高档面粉。

【点评】

小时候在豫东农村长大，不太喜欢吃月饼，一是太甜，三分之一都是冰糖，吃月饼跟吃糖似的，腻得难受；二是太硬，那种产自中原地带的老式月饼几乎就是一整块掺满了冰糖、花生与青红丝的死面疙瘩，放凉以后绝对难以下咽，刚换牙的小孩没经验，一口下去就把牙崩掉了。记得有一回家里锁坏了，钥匙打不开，母亲束手无策，我连声喊道：“用月饼把它砸开，用月饼把它砸开！”十来年后第一次在城里品尝到广式月饼和苏式月饼的时候，我忍不住犯嘀咕：“咦，这是月饼吗？月饼会有这么软吗？”

现在看来，吃起来不够酥软，或者软而黏牙，或者不黏牙但太甜，都是月饼大忌。刘方伯月饼用上等精粉“作酥为皮”，“微加冰糖和猪油作馅”，软而不黏，甜而不腻，当属第一流的月饼。

按现有文献记载，月饼出现于南宋（《武林旧事》卷六《蒸作从食》中已有月饼），但中秋节吃月饼的习俗却是从明朝中后期才慢慢普及的，而月饼制法又要到清朝中叶才告成熟。清代食谱《中馈录》最后一节为《制酥月饼法》，描述制酥做皮之法甚详，且抄录如下，供读者参考：

用上白灰面，一半上甑蒸透，勿见水汽，一半生者以猪油合凉水和面。再将蒸熟之面全以猪油和之，用生油面一团，内包熟油面一小团，以擀面杖擀成茶杯口大，叠成方形。再擀为团，再叠为方形。然后包馅，用饼印印成，上炉炕熟则得矣。

陶方伯①十景点心②

每至年节，陶方伯夫人手制点心十种，皆山东飞面所为，奇形诡状，五色纷披。食之皆甘，令人应接不暇。萨制军③云："吃孔方伯薄饼，而天下之薄饼可废；吃陶方伯十景点心，而天下之点心可废。"自陶方伯亡，而此点心亦成《广陵散》④矣，呜呼！

【注释】

①陶方伯：江宁布政使陶易，见《杂素菜单·葛仙米》注。

②十景点心：可以拼成十种景色的花式点心。

③萨制军：乾隆朝大臣萨载，满洲正黄旗人，官至两江总督、江南河道总督。制军，清朝人对总督的别称。

④《广陵散》：中国音乐史上非常著名的古琴曲。魏晋名士嵇康擅长此曲，自嵇康死后，《广陵散》失传。

【点评】

顾名思义，"十景点心"应该就是拼成十种不同风景的花式点心。用点心拼成风景，由来已久。南宋杭州有一种点心叫做"面亭儿"，是用面团、米粉掺和饴糖捏制的模仿建筑造型的成套点心，码在红漆木盘上，有正殿有偏殿，有假山有池塘，亭台楼阁错落有致。花几百文钱买一套"亭儿"，从假山上的小亭子吃起，一直吃到门楼外面的朱红杈子，等把这套花园别墅吃完了，人也饱了。

杨中丞[1]西洋饼

用鸡蛋清和飞面作稠水[2]，放碗中。打[3]铜夹剪一把，头上作饼形，如蝶大，上下两面，铜合缝处不到一分。生烈火烘铜夹，撩稠水，一糊一夹一煎，顷刻成饼。白如雪，明如绵纸[4]，微加冰糖、松仁屑子。

【注释】

①杨中丞：湖南巡抚杨锡绂，见《海鲜单·鳆鱼》注。

②稠水：稀面糊。

③打：打造。

④绵纸：用树木的韧皮纤维做的纸，色白柔韧，纤维细长，手感如丝绵。

【点评】

袁枚生逢康乾盛世，中外贸易繁荣，彼时国门虽然尚未被坚船利炮打开，但是传教士与欧美商人在国内沿海商业城市已经不再罕见了。曹雪芹幼年在江宁织造府的深宅大院里长大，尚能见到西洋红酒与西洋画，袁枚成年后一直穿梭于江浙两广的督抚衙门，所见洋货自必更多。

杨中丞西洋饼属于洋货，不过被“洋为中用”，在仿制过程中大大简化了做法。其原型本为法式甜点 Palmier，意译为“蝴蝶酥”，即形如蝴蝶的象形小点心。蝴蝶酥原料要用到面粉与奶油，杨中丞则替换为面粉与蛋清。蝴蝶酥的造型本来是靠手工折叠而成的，杨中丞则创造性地打造一只铜夹子，先夹而后烤，非常高效地夹出一枚又一枚小“蝴蝶”。

白云片

白米[1]锅巴[2]薄如绵纸，以油炙之，微加白糖，上口极脆。金陵人制之最精，号“白云片”。

【注释】

①白米：《随园食单》乾隆本作“白米”，而嘉庆本、光绪本则皆作“南殊”，今以乾隆本为准。

②锅巴：米粥熬煮时不停向上溢，在锅边形成一层薄薄的脆皮，俗称“锅巴”。

【点评】

白云片就是“云片糕”，又名“雪片糕”，现为江南名点，用陈放半年以上的炒糯米粉和绵白糖做成，也加果仁与少量猪油。成品看起来很厚，揭开则薄如书页，清香扑鼻，软糯细腻，入口即化。《儒林外史》第二回薛家集和尚曾用云片糕招待客人，同书第六回阴险狡狯的严贡生敲诈船家，用的也是云片糕。

风枵[1]

以白粉[2]浸透制小片，入猪油灼之，起锅时加糖糁之[3]，色白如霜，上口而化，杭人号曰“风枵”。

【注释】

①风枵（xiāo）：江南地区传统甜食，用米粉制成，白色条状或片状食品，脆而甜。

②白粉：糯米粉。

③加糖糁之：撒上糖。

【点评】

风枵类似云片糕，只不过云片糕是蒸熟的，而风枵是炒熟的。在浙江湖州，风枵又被称为“镬糍”，可用滚水冲泡，撒入白糖，春节期间用于待客。

三层玉带糕

以纯糯粉作糕，分作三层：一层粉、一层猪油、白糖[1]，夹好蒸之，蒸熟切开。苏州人法也。

【注释】

①一层猪油、白糖：一层猪油、一层白糖。

【点评】

这是又一道与云片糕极其相似的甜点，南京所产颇为有名。唯云片糕之“片”系用刀切成，三层玉带糕之“层”则是从一开始就分好了的，前者一条糕包含几十片，后者只有三片。

运司糕

卢雅雨[1]作运司[2]，年已老矣，扬州店中作糕献之，大加称赏，从此遂有“运司糕”之名。色白如雪，点胭脂红如桃花，微糖作馅，淡而弥旨[3]。以运司衙门前店作为佳，他店粉粗色劣。

【注释】

①卢雅雨：卢见曾，字澹园，号雅雨，山东德州人，曾任两淮盐运使，是纪晓岚的亲家，与袁枚亦有交往，曾数次邀请袁枚赴扬州。

②运司：对盐运使的雅称。

③弥旨：更加美味。弥，更加。旨，美好。

【点评】

中华传统美食中以人为名者颇为不少，如以苏东坡为名的“东坡肉”、以沈万三为名的“万三蹄”、南宋时以西湖厨娘宋五嫂为名的“宋嫂鱼”，以及以清代名臣丁宝桢丁宫保为名的“宫保鸡丁”……据江湖故老相传，上述诸人分别是东坡肉、万三蹄、宋嫂鱼、宫保鸡丁的发明者或者说开创者，故此能拥有冠名权。

这道“运司糕”也是以人为名，以两淮盐运使卢见曾的官衔命名。不过卢见曾的冠名权未免来得太容易了些——运司糕并不是他发明创造的，他仅仅是偶尔吃到，顺嘴夸了两句，一道精美糕点就转移到了他的名下。原因很简单，他是当时扬州官衔最高的领导嘛！

沙糕[①]

糯粉蒸糕，中夹[②]芝麻、糖屑。

【注释】

①沙糕：将米粉、芝麻、砂糖拌匀，入模压块，上笼蒸熟，食时簌簌掉沙。

②中夹：中间掺入。

【点评】

沙糕不是江南糕点，而是袁枚早年去广西游历时尝到的壮族糕点。其主要原料是芝麻与糯米粉，配料是白糖、猪油、花生油。将主料分别炒熟，拌入配料，放到特制的木格子里压成又宽又扁的大块，再用小刀分割成小块。

小馒头[①]、小馄饨

作馒头如胡桃大，就蒸笼食之，每箸可夹一双，扬州物也。扬州发酵最佳，手捺[②]之不盈半寸[③]，放松仍隆然而高。小馄饨小如龙眼[④]，用鸡汤下之。

【注释】

①小馒头：小包子。按："馒头"一词本指包子，今上海、苏州、温州等地亦然。

②捺（nà）：按压。

③不盈半寸：不到半寸高。

④龙眼：南方水果，又名"桂圆"。

【点评】

淮扬面点小巧精致，花样繁复，风味佳美，刀工精湛。除本条描述的无比松软的小馒头和无比小巧的小馄饨以外，扬州知名面点尚有火烧、锅贴、春卷、汤团、灌汤包、四喜卷、盘丝饼、翡翠烧卖、油酥烧饼、蝙蝠夹子、空心麻团、花式蒸饺、黄桥烧饼等等，每一样拿出来都能称霸天下。

雪蒸糕法

每磨细粉，用糯米二分、粳米八分为则。

一、拌粉，将置盘中[①]，用凉水细细洒之，以捏则如团、撒则如砂为度。将粗麻筛[②]筛出，其剩下块搓碎，仍于筛上尽出之，前后和匀，使干湿不偏枯，以巾覆之，勿令风干日燥，听用[③]。（水中酌加上洋糖[④]则更有味，与市中"枕儿糕"法同。）

一、锡圈[⑤]及锡钱[⑥]俱宜洗剔极净，临时略将香油和水[⑦]，布蘸拭之。每一蒸后，必一洗一拭。

一、锡圈内将锡钱置妥，先松装粉一小半，将果馅轻置当中，后将粉松装满圈，轻轻搅平，套汤瓶[⑧]上盖之，视盖口气直冲为度。

取出覆之，先去圈，后去钱，饰以胭脂，两圈更递为用。

一、汤瓶宜洗净，置汤分寸⑨以及肩⑩为度。然多滚则汤易涸，宜留心看视，备热水频添。

【注释】

①将置盘中：将米粉盛到盘子里。

②粗麻筛：用苎麻编成的筛子，筛眼较大。

③听用：备用。

④洋糖：用外国先进工艺加工的白糖。按：中国掌握制糖工艺甚早，但直至清朝末年，提炼白糖的技术一直很落后。

⑤锡圈：锡打的模具。

⑥锡钱：锡模上的盖子，刻有花纹，可在糕点上印花。

⑦略将香油和水：将少量香油和水混合均匀。

⑧汤瓶：烧热水的壶，通常用铜、铁、锡、铅等金属制成。

⑨置汤分寸：加入的水量。

⑩及肩：到达壶肩。

【点评】

雪蒸糕用筛过的米粉蒸熟而成，类似韩国糕点“白雪蒸糕”，但是却比后者做法复杂得多。韩国白雪蒸糕是这样加工的：糯米粉里加少量清水拌匀，用细箩过筛，将筛出的细米粉拌上白糖，铺到一个长方形的槽型模具，划成小块，每块上面用坚果或者红枣做装饰，再将模具架在锅上蒸熟就行了。而雪蒸糕则既用糯米粉，又用粳米粉，加水，过筛，拌糖，用小巧玲珑的锡钱和锡圈做模具，叠放在烧水壶的壶嘴上，靠烧水时冲出的水蒸气来蒸熟。

作酥饼法

冷定脂油一碗，开水一碗，先将油同水搅匀，入生面，尽揉要软，如擀饼一样，外用蒸熟面入脂油，合作一处，不要硬了。然后将生面做团子，如核桃大；将熟面亦作团子，略小一圈；再将熟面团子包在生面团子中。擀成长饼，长可八寸，宽二三寸许，然后折叠如碗样，包上穰子[①]。

【注释】

①穰（ráng）子：馅子。

【点评】

酥饼并非酥油饼，酥油饼是烤熟的，酥饼是蒸熟的，不过两者所用的主料与最后的形状却完全相同。论口感，酥饼只是酥软可口，酥油饼则既酥又脆——毕竟人家是烤熟的嘛！

天然饼

泾阳[①]张荷塘明府[②]家制天然饼：用上白飞面，加微糖及脂油为酥，随意搦成饼样，如碗大，不拘方圆，厚二分许。用洁净小鹅子石[③]衬而煎之[④]，随其自为凹凸[⑤]，色半黄便起，松美异常。或用盐亦可。

【注释】

①泾（jīng）阳：地名，今陕西省泾阳县，下文中张荷塘明府的老家。

②张荷塘明府：张五典，号荷塘，陕西泾阳人，曾任江苏上元知县，与袁枚、赵翼、王文治等江南文士唱和，著有《荷塘集》。明府，人们对知县或县令的尊称。

③小鹅子石：小鹅卵石。

④衬而煎之：将鹅卵石垫在饼下面，然后再煎。

⑤随其自为凹凸：石子会在饼的表面硌出许多凹痕，随其自然，不用管它。

【点评】

石头是很好的导热材料，将鹅卵石放入油锅炒热，再将面饼贴在鹅卵石上，靠石子的热力将饼烤熟，烤出一锅人间烟火味儿。袁枚为这种小吃取名叫“天然饼”，今天我们则管它叫作“石子烙馍”。

花边月饼

明府[①]家制花边月饼，不在山东刘方伯之下。余常以轿迎其女厨来园制造，看用飞面拌生猪油子团[②]，百搦[③]，才用枣肉嵌入为馅，裁如碗大[④]，以手搦其四边菱花样。用火盆两个，上下覆而炙之。枣不去皮，取其鲜也；油不先熬，取其生也。含之上口而化，甘而不腻，松而不滞[⑤]，其工夫全在搦中，愈多愈妙。

清代末年的月饼模子，现藏开封饮食博物馆

【注释】

①明府：指上条“天然饼”中的张荷塘明府，见前注。

②生猪油子团：用冻猪油切成的碎丁。

③百搦（nuò）：握捏揉搓一百遍。

④裁如碗大：修剪整理到像碗那么大。

⑤松而不滞：松软而不噎人。

【点评】

月饼有花边并不稀奇，打造一个有花边的月饼模子就行了。可是这位张荷塘张县令家的女厨师却完全不用模具，全靠一双巧手来捏出坯形和花边，手艺确实高超。

谁说厨行一直是男性称霸？谁说女厨师不如男厨师？中国历史上有的是手艺高超的女厨师。这里张明府家的女厨师是一例，前文《特牲单》中那位姓侯的尼姑刀工精绝，能将萝卜切成连绵不断的蝴蝶片，也是一例。还有西湖醋鱼的发明者，那位宋朝的宋五嫂，不也是一个例证吗？宋朝大文豪欧阳修最喜欢去好朋友梅尧臣家里吃饭，因为梅家有一位掌厨多年的老妈子，能将生鱼片切得像书页一样薄，能用奶油挤出各种海鲜造型，以及在蛋糕上“写”出一首长诗来，这又是一例。

男厨师有力气，手狠，放料精准，举凡和面、剁馅、翻勺、颠锅，非男厨师不可。而女厨师则胜在心灵手巧，烧菜有创意，在花式点心领域更是有着天然的优势。

制馒头法

偶食新明府[①]馒头，白细如雪，面有银光，以为是北面[②]之故。龙文[③]云：“不然，面不分南北，只要罗得极细，罗筛至五次，则自然白细，不必北面也。”惟做酵最难，请其庖人[④]来教，学之，卒不能松散。

【注释】

①新明府：一位姓新的县令，名字及生平未知。

②北面：北方的面粉。

③龙文：指袁枚族弟袁龙文。

④庖人：厨师。

【点评】

若论面粉的细白程度，北方面粉未必就比南方面粉更占优势，但是将同样品种的小麦放到北方，生长期会更长，蛋白质含量会更高，口感会比南方面粉更筋道。

扬州洪府粽子

洪府制粽，取顶高①糯米，捡②其完善长白者，去其半颗散碎者，淘之极熟，用大箬叶裹之，中放好火腿一大块，封锅闷煨一日一夜，柴薪不断，食之滑腻温柔，肉与米化。或云：即用火腿肥者斩碎，散置米中。

【注释】

①顶高：非常高档。

②捡：同“拣”。

【点评】

火腿粽里除了放火腿，通常还要再放一两片五花肉，要么就在糯米中拌少许猪油。扬州洪府粽子之所以“滑腻温柔，肉与米化”，应该是因为糯米中裹有五花肉的缘故。当然，如果将火腿切碎与糯米拌匀，也能达到同样的口感，可惜剥开粽子时再也见不到完整的火腿了，只能看到红色的肉丁与白色的糯米掺杂相间，跟一坨糯米炒饭似的，品相不够好。

饭粥单

粥饭本也，余菜[1]末也，本立而道生[2]，作《饭粥单》。

《植物名实图考》里的稻子

【注释】

①余菜：其余菜肴，这里泛指一切菜肴。

②本立而道生：把根本的东西立起来，“道”就出现了。语出《论语·学而》：“君子务本，本立而道生。”

【点评】

饭粥是饮食根本，菜肴是细枝末节，可是袁枚却将细枝末节放在前面，把最根本的饭粥放在后面，大概是想用饭粥来压轴吧？民谚云：“老鼠拉木锨，大头在后面。”此之谓也。

饭[①]

王莽云：“盐者，百肴之将[②]。”余则曰：“饭者，百味之本。”《诗》称：“释之溲溲，蒸之浮浮[③]。”是古人亦吃蒸饭。然终嫌米汁不在饭中[④]。善煮饭者，虽煮如蒸，依旧颗粒分明，入口软糯。其诀有四：

一要米好，或“香稻[⑤]”，或“冬霜”，或“晚米”，或“观音籼”，或“桃花籼”，舂之极熟[⑥]，霉天风摊播之[⑦]，不使惹霉发疹。

一要善淘，淘米时不惜工夫，用手揉擦，使水从箩中淋出，竟成清水，无复米色。

一要用火先武后文，闷起得宜。

一要相米放水，不多不少，燥湿得宜[⑧]。

往往见富贵人家讲菜不讲饭，逐末忘本，真为可笑。余不喜汤浇饭，恶失饭之本味故也。汤果佳，宁一口吃汤，一口吃饭，分前后食之，方两全其美。不得已，则用茶用开水淘之，犹不夺饭之正味。饭之甘，在百味之上，知味者遇好饭不必用菜。

【注释】

①饭：特指米饭。

②盐者，百肴之将：假如所有菜肴都是士兵的话，那么盐就是它们的将军。这是王莽诏令中的话，见于《汉书·食货志》：“莽知民苦之，复下诏曰：‘夫盐，食肴之将；酒，百药之长。’”

③释之溲溲，蒸之浮浮：语出《诗经·大雅·生民》，意思是淘米时

嗖嗖作响，蒸米时热气升腾。

④米汁不在饭中：传统蒸饭方式是先煮后蒸，将煮到半熟的米捞出，摊到锅篦上再蒸，此时米汤在下，米饭在上，故曰“米汁不在饭中”。

⑤香稻：稻米品种，以下“冬霜”“晚米”“观音籼”等皆同。

⑥舂（chōng）之极熟：舂得非常干净，不留一点谷壳。

⑦霉天风摊播之：碰上阴雨天气，把米放到干燥通风的地方摊开，用大木锨播扬一遍。

⑧燥湿得宜：蒸得刚刚好，不干也不湿。

【点评】

温瑞安武侠小说里有一位江湖异人，姓张名炭，对米饭敬重有加，将煮饭当成事业，将吃饭当成宗教，江湖人称“饭王”。这位张饭王吃饭，是只吃白饭而不需要菜的，恰与袁枚“知味者遇好饭不必用菜”之论相合。

饭为本，菜为末，饭比菜重要，袁枚所述甚得我心。但是说到淘米，袁枚就不免有些落伍了：“不惜工夫，用手揉擦，使水从箩中淋出，竟成清水，无复米色。”这哪是淘米啊？分明是淘去了大量维生素和蛋白质！

粥

见水不见米，非粥也。见米不见水，非粥也。必使水米融洽，柔腻如一，而后谓之粥。尹文端公①曰：“宁人等粥，毋粥等人②。”此真名言，防停顿而味变汤干故也。近有为鸭粥者入以荤腥，为八宝粥者入以果品，俱失粥之正味。不得已，则夏用绿豆，冬用黍米③，以五谷入五谷，尚属不妨。余常食于某观察家，诸菜尚可，而饭粥粗粝，勉强咽下，归而大病。尝戏语人曰：“此是五脏神暴落难[4]。”是故自禁受不得。

【注释】

①尹文端公：满洲大臣尹继善，见《江鲜单·鲟鱼》注。

②宁人等粥，毋粥等人：宁可让人等着吃粥，也不要让粥等着被人吃。言外之意，粥一煮好就要吃，不要放得太久。

③黍（shǔ）米：北方杂粮，穗与高粱近似，子实煮熟有黏性，微甜，可磨粉蒸食，亦可熬粥，又叫稷子、糜子、黄米。

④五脏神暴落难：五脏神忽然遭了难。五脏神，古人对心、肝、脾、肺、肾的人格化戏称。

【点评】

当年北宋大臣张齐贤被下放到地方当州官，有人说他工作散漫，他忍不住气愤地说：“向做宰相，幸无大过，今典一郡，乃招物议，正是监御厨三十年，临老反煮粥不了？”（王辟之《渑水燕谈录》）我当宰相时都没有出过大的差错，现在当一个小小的州官，却被人横挑鼻子竖挑眼，难道一个当过宰相的人还当不好州官吗？譬如一个人做了三十年御厨，难道连粥都不会煮吗？

张齐贤的抱怨里隐含了一层意思，那就是煮粥比较简单。事实上煮粥还真是一个技术活儿，我在成都一家粥店里吃过一碗粉面粥，那可真正称得上“水乳交融”，米粒几乎都要融化了，而软糯弹牙的口感却仍然保留在唇齿之间。服务员介绍说，她们的总店位于香港，已经被全球最顶级的美食圣经《米其林红色指南》收入囊中。您看，把一碗粥煮好有那么容易吗？

茶酒单

七碗生风[①]，一杯忘世[②]，非饮用六清[③]不可，作《茶酒单》。

【注释】

①七碗生风：指饮茶后的精神享受，出自唐代诗人卢仝《走笔谢孟谏议寄新茶》："五碗肌骨清，六碗通仙灵。七碗吃不得也，唯觉两腋习习清风生。"

②一杯忘世：喝一杯茶，忘掉世间喧哗。

③六清：出自东汉郑玄对《周礼·天官·膳夫》的注："六清，水、浆、醴、凉、医、酏。"六清，六种饮料，这里特指茶和酒。

【点评】

无酒不成席，无茶不成礼，品尝完了那么多美食，再斟一杯美酒，饮一碗香茶，酒足饭饱，曲终人散，是为《随园食单》终篇。

茶

欲治好茶，先藏好水。水求中泠[①]、惠泉[②]，人家中[③]何能置驿而办[④]？然天泉水[⑤]、雪水，力能藏之。水新则味辣，陈则味甘。

尝尽天下之茶，以武夷山顶所生，冲开白色[⑥]者为第一。然入贡尚不能多，况民间乎？其次莫如龙井，清明前者号"莲心"，太觉味淡，以多用为妙；雨前[⑦]最好，一旗一枪[⑧]，绿如碧玉。

收法[⑨]：须用小纸包，每包四两，放石灰坛中，过十日则换石灰，上用纸盖扎住，否则气出而色味又变矣。

（宋）钱选《卢仝烹茶图》 现藏台北『故宫博物院』

烹时用武火，用穿心罐[10]。一滚便泡，滚久则水味变矣；停滚再泡，则叶浮矣；一泡便饮，用盖掩之则味又变矣。此中消息，间不容发也。山西裴中丞[11]尝谓人曰：“余昨日过随园，才吃一杯好茶。”呜呼！公山西人也，能为此言，而我见士大夫生长杭州，一入宦场便吃熬茶，其苦如药，其色如血，此不过肠肥脑满之人吃槟榔法也，俗矣！除吾乡龙井外，余以为可饮者，胪列[12]于后。

【注释】

①中泠：中泠泉，从扬子江心涌出的一股泉水。陆羽《茶经》将其列为天下第一泉。

②惠泉：惠山泉，在江苏无锡惠山。陆羽《茶经》将其列为天下第二泉。

③人家中：平民老百姓家里。

④置驿而办：通过朝廷传递公文和接待过往官员的驿站来运输泉水。

⑤天泉水：指雨水。

⑥冲开白色：冲泡出来的茶汤呈乳白色。

⑦雨前：谷雨前。

⑧一旗一枪：一枚尚未舒展的顶芽旁侧带有一枚已经开面的茶叶。旗，茶叶；枪，茶芽。

⑨收法：贮藏的方法。

⑩穿心罐：底部凹下、中间凸起、近似云南汽锅的烧水罐，因其受热面积大，所以能很快将水烧开。

⑪裴中丞：指乾隆朝大臣裴中锡。裴氏系山西曲沃人，于乾隆三十七年（1772）任贵州巡抚，又于乾隆四十年（1775）调任安徽巡抚，在其任职安徽期间，曾与袁枚有诗文往来。中丞，清朝人对巡抚的别称。

⑫胪（lú）列：罗列。

【点评】

本条论述用水之道及贮藏茶叶之法，以用水之道为主。水贵洁净甘甜，但是完全洁净的蒸馏水却并不甘甜，因为洁净得只剩下水，不再含有对人体有益并且能影响口感的矿物质成分。

古人烹茶用水不一，茶圣陆羽认为出自扬子江心的中泠泉天下第一，宋徽宗认为出自无锡惠山的惠山泉水天下第一，而欧阳修则说："水味有美恶而已，欲求天下之水一一而次第之者，妄说也。"各地水质虽然不同，但都有甜有苦有清有浊，无论哪个地方都有好水，无论哪个地方都有劣水，如果纯以地域论英雄，说某地之水天下第一，某地之水倒数第一，那叫胡扯！

那么什么样的水才称得上好水呢？一是洁净，二是甘甜，三是口感轻柔。如果达不到这三条要求，至少也要做到洁净才行。如袁枚所说用雨水和雪水泡茶，放在他那个时代或许可行，现在由于环境污染的缘故，再好的雨水和雪水也不如一桶纯净水。

武夷茶

余向不喜武夷茶，嫌其浓苦如饮药。然丙午[①]秋，余游武夷到曼亭峰、天游寺诸处，僧道争以茶献，杯小如胡桃，壶小如香橼[②]，每斟无一两，上口不忍遽咽，先嗅其香，再试其味，徐徐咀嚼而体贴之，果然清芬扑鼻，舌有余甘。一杯之后，再试一二杯，令人释躁平矜，怡情悦性，始觉龙井虽清而味薄矣，阳羡虽佳而韵逊矣。颇有玉与水晶，品格不同之故。故武夷享天下盛名，真乃不忝[③]。且可以瀹[④]至三次，而其味犹未尽。

【注释】

①丙午：乾隆五十一年（1786）。

②香橼（yuán）：芸香科水果，初冬成熟，果实黄色，长圆形，果皮甚厚。

③不忝（tiǎn）：不愧于。

④瀹（yuè）：冲泡。

【点评】

武夷茶多为乌龙茶，喝惯绿茶的袁枚自然会觉得茶味太浓。

龙井茶

杭州山茶，处处皆清，不过以龙井为最耳。每还乡上冢[①]，见管坟人家送一杯茶，水清茶绿，富贵人所不能吃[②]者也。

【注释】

①上冢（zhǒng）：上坟扫墓。

②富贵人所不能吃：富贵之人吃不到。

【点评】

富贵之人之所以吃不到好茶，是因为他们不种茶，不做茶，所吃之茶大半来自市场，价格虽贵，品质未必有保证，不像杭州郊区的茶农那样可以享用纯天然的新茶。但假如这富贵之人非常懂茶，而且拥有足够的闲暇，那么他完全有可能享用最天然最安全最正宗的茶。现在不是有些富豪为了喝到好茶而不远千里跑到茶区包下一棵古茶树或者一整座茶山吗？

常州阳羡茶

阳羡茶[①]，深碧色，形如雀舌，又如巨米[②]，味较龙井略浓。

【注释】

①阳羡茶：产自江苏常州的绿茶。唐朝贡茶以阳羡为第一，至五代十

国时被产自福建建瓯的建安茶所取代。

②巨米：长米，类似今泰国香米。

【点评】

江苏常州是唐朝最著名的茶区，当地所产的阳羡茶是唐朝最走红的贡茶。不过三十年河东，三十年河西，阳羡茶到了宋朝被建安茶取而代之，而建安茶到了明朝又被西湖龙井取而代之。现在产自常州溧阳的天目湖白茶仍然非常有名，汤色橙黄，回味甘甜，香气持久，比常见白茶的味道明显要浓郁一些。

洞庭君山茶

洞庭君山[①]出茶，色味与龙井相同，叶微宽而绿过之，采掇最少。方毓川抚军[②]曾惠两瓶，果然佳绝。后有送者，俱非真君山物矣。

此外如六安、银针、毛尖、梅片、安化，概行黜落[③]。

【注释】

①君山：古称洞庭山，位于湖南岳阳西南之洞庭湖中，与岳阳楼隔湖相对。

②方毓川抚军：即方世俊，字毓川，安徽桐城人，与袁枚同年中进士，官至湖南巡抚，后因受贿白银六千两，被乾隆处以绞刑。

③黜（chù）落：罢免。

【点评】

武夷岩茶、西湖龙井、常州阳羡茶、洞庭君山茶，袁枚看得上的茶只有这几款，其余如六安瓜片、白毫银针、信阳毛尖、黄山梅片、安化黑茶等等，统统不入他的法眼。其实论茶应如论水，每个地方都有好水和劣水，每个茶区也都有好茶与劣茶，不应该那么绝对。

酒

余性不近酒，故律酒[①]过严，转能[②]深知酒味。今海内动行绍兴[③]，然沧酒[④]之清、浔酒[⑤]之洌、川酒[⑥]之鲜，岂在绍兴下哉？大概酒似耆老宿儒[⑦]，越陈越贵，以初开坛者为佳，谚所谓“酒头茶脚[⑧]”是也。炖法[⑨]：不及则凉，太过则老，近火则味变。须隔水炖，而谨塞其出气处才佳。取可饮者，开列于后。

【注释】

①律酒：控制饮酒。

②转能：反而能。

③动行绍兴：流行绍兴酒。

④沧酒：沧州酒，产自河北沧州。

⑤浔酒：南浔酒，产自浙江湖州。

⑥川酒：四川酒。

⑦耆（qí）老宿（sù）儒：受人尊敬的老人与素有声望的学者。

⑧酒头茶脚：初开坛的酒为酒头，饮后再沏的茶为茶脚。

⑨炖法：温酒的方法。

【点评】

酒越陈越贵，越陈越佳，这话是正确的。因为传统酿酒工艺有一大缺陷——无法对发酵过程进行严格控制，在产生酒精的同时，还会不可避免地产生少量的甲醇和乙醛，而这两种物质对人体的危害要远远超过乙醇（酒精）。为了尽可能降低甲醇和乙醛在酿造酒中的含量，最好还是将刚刚酿好的酒存放一段时间以后再去饮用。陈放时间越长，有害成分越少，并且那些有害的乙醛还会不断地氧化为羧酸，而羧酸再和酒精发生酯化反应，生成具有芳香气味的乙酸乙酯，酒会变得越来越醇香。

但是如果酒坛密封得不够好，周边环境的温度太低或者太高，酒不但不会变得越来越醇香，还可能会腐败变质。

金坛[①]于酒

于文襄公[②]家所造，有甜、涩二种，以涩者为佳。一清彻骨，色若松花，其味略似绍兴，而清冽过之。

【注释】

①金坛：地名，今为江苏常州金坛区。

②于文襄公：乾隆朝大臣于敏中，字叔子，号耐圃，江苏金坛人，于乾隆二年（1737）中状元，官至文华殿大学士兼军机大臣，乾隆四十四年（1779）去世，谥文襄。

【点评】

于敏中府上的自酿酒包括甜酒和涩酒两种。袁枚说涩酒要胜过甜酒，这是为什么呢？推测起来，这里的“涩酒”当指白酒，也就是蒸馏酒。我国蒸馏酒出现于元朝以后（唐宋诗词中的“烧酒”和“白酒”均系黄酒，并非蒸馏酒），由阿拉伯人传入，至明清两代已在北方普及。蒸馏酒香气浓郁、口感辛辣、略有涩味，且因经过蒸馏，清澈如水，透明度远远超过只发酵不蒸馏的黄酒与甜酒酿。

德州卢酒

卢雅雨[①]转运家所造，色如于酒[②]，而味略厚。

【注释】

①卢雅雨：见《点心单·运司糕》注。

②色如于酒：酒的颜色就像前条所说的金坛于酒。

【点评】

卢雅雨即卢见曾，纪晓岚的亲家，山东德州人，他担任两淮盐运使时，曾经两次邀请袁枚到扬州任上做客，所以袁枚有机会品尝他家酿造的酒。

四川郫筒酒[①]

郫筒酒，清洌彻底，饮之如梨汁蔗浆，不知其为酒也。但从四川万里而来，鲜有不味变者。余七饮郫筒，惟杨笠湖刺史[②]木簰上所带为佳。

【注释】

①郫（pí）筒酒：产于四川郫县的竹筒酒。

②杨笠湖刺史：即杨潮观，字宏度，号笠湖，官员，剧作家，与袁枚交好，袁枚曾将小女儿阿能寄养于他。杨潮观时任四川邛州知州。“刺史”是清朝人对知州的别称。

【点评】

现在国内市面上也有竹筒酒销售，生产商与销售商将其吹得神乎其神，据说是将刚刚做成的基酒（未经调兑和陈放的蒸馏酒）注射到竹笋里面去，待到竹笋长成竹子，竹节里会浸满酒浆，即可砍下来，连同竹节一起销售。实际上被注入酒精的竹笋会很快烂掉，根本长不成竹子。

绍兴酒

绍兴酒，如清官廉吏，不掺一毫假，而其味方真。又如名士耆英[①]，长留人间，阅尽世故，而其质愈厚。故绍兴酒不过五年者不可饮，掺水者亦不能过五年。余党称绍酒为名士，烧酒为光棍[②]。

【注释】

①耆英：年迈而出众的人。

②光棍：敢作敢当、人人惧怕的豪横之徒。

【点评】

绍兴黄酒度数低，香味醇，人人可饮，饮后诗兴大发，非常浪漫，所以被比作风流名士；烧酒度数高，味辛辣，唯有酒徒嗜饮，喝高了使酒骂座，非常低俗，所以被比作豪横之徒。身为嗜饮烧酒的酒徒，我对此论不敢苟同。

湖州南浔酒[①]

湖州南浔酒，味似绍兴，而清辣过之，亦以过三年者为佳。

【注释】

①湖州南浔酒：产于浙江湖州南浔镇的酒。

【点评】

此处南浔酒也属于黄酒，度数比绍兴酒还要低。

湖州南浔除了酒，还有大头菜、豆腐干、定胜糕，以及在南宋时就大名鼎鼎的湖羊肉。我觉得这些特产要比南浔酒更美味。

常州兰陵酒

唐诗有“兰陵美酒郁金香，玉碗盛来琥珀光[①]”之句。余过常州，相国刘文定公[②]饮以八年陈酒，果有琥珀之光，然味太浓厚，不复有清远之意矣。宜兴有蜀山酒，亦复相似。至于无锡酒，用天下第二泉[③]所作，本是佳品，而被市井人苟且为之，遂至浇淳散朴[4]，殊可惜也。据云有佳者，恰未曾饮过。

【注释】

①兰陵美酒郁金香，玉碗盛来琥珀光：李白《客中作》的前两句。

②相国刘文定公：指乾隆朝大臣刘纶，字如叔，号绳庵，江苏常州人，官至文渊阁大学士兼工部尚书、太子太保，乾隆三十八年（1773）去世，谥文定。相国，明清时对宰相的雅称。明清两朝本无宰相，但大学士职衔为朝廷权力中枢，近似于宰相。

③天下第二泉：无锡惠山泉被陆羽评为天下第二泉。

④浇淳散朴：稀释淳厚，散去朴实，指在酒里掺假。

【点评】

常州酒、宜兴酒、无锡酒，三地之酒大比武，袁枚认为常州酒胜出，并把无锡酒贬得一无是处。难道无锡酒真就不如常州酒吗？非也，袁枚品尝的常州酒出自“刘相国”家乡，而且还是刘相国亲自请他喝的，他受宠若惊还来不及，又怎么会让刘相国的家乡酒输给无锡酒和宜兴酒呢？

溧阳[1]乌饭酒[2]

余素不饮。丙戌年[3]在溧水[4]叶比部[5]家饮乌饭酒至十六杯，傍人大骇，来相劝止，而余犹颓然[6]，未忍释手。其色黑，其味甘鲜，口不能言其妙。据云溧水风俗：生一女，必造酒一坛，以青精饭[7]为之，俟嫁此女，才饮此酒，以故极早亦须十五六年。打瓮时只剩半坛，质能胶口[8]，香闻室外。

【注释】

①溧阳：南京溧水之古称。

②乌饭酒：以乌米为原料酿造的酒，今为江苏宜兴特产。

③丙戌年：指乾隆三十一年（1766）。

④溧水：今南京市溧水区。袁枚曾在此任知县。

⑤叶比部：一个姓叶的刑部主事。比部，明清时为刑部代称。

⑥颓然：无精打采的样子，这里指袁枚因饮酒受阻而不开心。

⑦青精饭：即乌米饭，将米蒸熟，再以乌饭树叶的汁液将米粒染黑。

⑧质能胶口：酒体黏稠，好像能把嘴黏住。

【点评】

袁枚潇洒风流，文学造诣在清朝数一数二，但是酒量并不高。跟他酒量相似的古代文人还有很多，如苏东坡和纪晓岚就是例证。纪晓岚嗜肉不嗜酒，闻酒即醉，苏东坡则自述说："予饮酒终日，不过五合，天下之不能饮无在予下者。"宋朝一合约六十毫升，五合约三百毫升，盛酒最多三百克，即半斤多一点。东坡喝上一整天，也不过只喝半斤黄酒，所以他说天下之人数他酒量最小。这些事例想必可以说明一个人的文学造诣跟酒量没有关系，李白"斗酒诗百篇"，未必是因为酒量大。

苏州陈三白[①]

乾隆三十年，余饮于苏州周慕庵[②]家，酒味鲜美，上口黏唇，在杯满而不溢。饮至十四杯，而不知是何酒，问之，主人曰："陈十余年之三白酒也。"因余爱之，次日再送一坛来，则全然不是矣。甚矣！世间尤物之难多得也。按郑康成[③]《周官》注"盎齐[④]"云："盎者翁翁然，如今酇白[⑤]。"疑即此酒。

【注释】

①陈三白：陈年三白酒。三白，江浙特产，以白米、白面、白水酿造而得名。

②周慕庵：清代画家周銮，字德昔，号慕庵，上海人。

③郑康成：东汉末年经学大师郑玄，字康成。

④盎（àng）齐（zī）：先秦的一种白酒，见于《周礼·天官·酒正》："辨五齐之名，一曰泛齐，二曰醴齐，三曰盎齐，四曰缇齐，五曰沉齐。"

⑤盎者翁翁然，如今酂（zàn）白：出自郑玄对《周礼·天官·酒正》的注，原文是"盎，犹翁也，成而翁翁然，葱白色，如今酂白矣。"袁枚认为"酂白"可能就是三白酒。

【点评】

清代三白酒不止一处生产，苏州产三白酒，无锡惠山与上海松江也产三白酒，与苏州三白并列，分别命名为"姑苏三白""惠泉三白""松江三白"。

按袁枚描述，苏州三白酒能酿到"上口黏唇""满而不溢"，说明发酵充分，陈放时间长，达到了黄酒的最高标准。其实不仅仅是黄酒，白酒和红酒的最高标准也是口感发黏、入盏挂杯、倒进碗里满而不溢。

金华酒[1]

金华酒，有绍兴之清无其涩，有女贞[2]之甜无其俗。亦以陈者为佳，盖金华一路水清之故也。

【注释】

①金华酒：产自浙江金华的黄酒。

②女贞：一种陈酿黄酒，又名"女儿红"。

【点评】

金华不只出火腿，还出名酒。查明代世情小说《金瓶梅》，共有十六处提及"金华酒"，如李瓶儿教迎春将"昨日剩的银壶里金华酒筛来"，金莲对月娘说“吃螃蟹得些金华酒吃才好”，西门庆一进门就看见“桌子底下放下一坛金华酒”……明代冯时化《酒史》亦云：“金华酒，金华府造，近时京师嘉尚语云：晋字金华酒，围棋左传文。”明代北京人将金华酒与围棋、《左传》和王羲之的字（晋字）放在一起，一并推崇之，说明金华酒出名已久。

山西汾酒[①]

既吃烧酒，以狠为佳。汾酒乃烧酒之至狠者。余谓烧酒者，人中之光棍、县中之酷吏也。打擂台非光棍不可，除盗贼非酷吏不可，驱风寒、消积滞，非烧酒不可。汾酒之下，山东高粱烧次之，能藏至十年，则酒色变绿，上口转甜，亦犹光棍做久，便无火气，殊可交也。尝见童二树[②]家泡烧酒十斤，用枸杞四两、苍术二两、巴戟天[③]一两，布扎一月，开瓮甚香。如吃猪头、羊尾、跳神肉[④]之类，非烧酒不可，亦各有所宜也。

此外如苏州之女贞、福贞、元燥，宣州之豆酒，通州之枣儿红，俱不入流品。至不堪者，扬州之木瓜[⑤]也，上口便俗。

【注释】

①汾酒：产于山西汾阳的传统名酒。

②童二树：名钰，字二树，又字二如，号“二树山人”，浙江绍兴人，工诗善画，乾隆四十七年（1782）去世，袁枚为其撰写墓志铭。今《小仓山房文集》第二十六卷尚有《童二树先生墓志铭》。

③巴戟（jǐ）天：产于岭南的一种中草药。

④跳神肉：见《特牲单·白肉片》注。

⑤扬州之木瓜：扬州的木瓜酒。

【点评】

嘉庆年间，袁枚的老乡梁晋竹在西湖云林寺品尝到该寺僧人用山泉酿造并陈放五年的老黄酒，感叹道：“是为生平所尝第一次好酒，此外不得不推山西之汾酒、潞酒矣。然禀性刚烈，弱者恧（nǜ）焉，故南人弗尚也。”山西汾酒秉性刚烈，度数极高，虽声名远播，而喝惯了低度米酒的江南人招架不了。

袁枚结识汾酒，当在少年高第做京官时，彼时年轻气盛，血气方刚，同僚若劝以汾酒，他不会推辞的。

图书在版编目（CIP）数据

随园食单 /（清）袁枚著；李开周，张晨注评. —郑州：中州古籍出版社，2017.10
（家藏文库）
ISBN 978-7-5348-7362-1

Ⅰ. ①随… Ⅱ. ①袁… ②李… ③张… Ⅲ. ①烹饪－中国－清前期 ②食谱－中国－清前期 ③菜谱－中国－清前期 Ⅳ. ①TS972.117

中国版本图书馆CIP数据核字（2017）第240802号

家藏文库：随园食单

选题策划　卢欣欣　赵发杰
约稿统筹　卢欣欣
责任编辑　梁瑞霞
责任校对　邓　辉
封面设计　王　歌
版式设计　曾晶晶

出　版　中州古籍出版社
　　　　地址：河南省郑州市经五路66号
　　　　邮编：450002
　　　　电话：0371-65788693
经　销　新华书店
印　刷　郑州市毛庄印刷厂
版　次　2017年10月第1版
印　次　2017年10月第1次印刷
开　本　640毫米×960毫米　1/16
印　张　17印张
字　数　210千字
定　价　35.00元